U0280622

西北大学"双一流"建设项目资助

Sponsored by First-class Universities and Academic Programs of Northwest University

秦岭植物学
野外实习教程

QINLING ZHIWUXUE

YEWAISHIXI JIAOCHENG

主编　刘文哲

编者　刘文哲　王玛丽

西北大学出版社
·西安·

图书在版编目（CIP）数据

秦岭植物学野外实习教程 / 刘文哲主编. —西安：
西北大学出版社，2019.12
ISBN 978-7-5604-4387-4

Ⅰ. ①秦… Ⅱ. ①刘… Ⅲ. ①植物学—实习—高等
学校—教学参考资料 Ⅳ. ①Q94

中国版本图书馆 CIP 数据核字（2019）第 140251 号

秦岭植物学野外实习教程

主编　刘文哲

出版发行　西北大学出版社
（西北大学校内　邮编：710069　电话：029-88303313）
http://nwupress.nwu.edu.cn　E-mail: xdpress@nwu.edu.cn

经　　销	全国新华书店
印　　刷	西安博睿印刷有限公司
开　　本	787 毫米×1092 毫米　1/16
印　　张	16
版　　次	2019 年 12 月第 1 版
印　　次	2023 年 6 月第 2 次印刷
字　　数	258 千字
书　　号	ISBN 978-7-5604-4387-4
定　　价	43.00 元

本版图书如有印装质量问题，请拨打 029-88302966 予以调换。

前　言

　　秦岭是我国南北地理分界线，长江和黄河水系的分水岭。复杂多变和富有特色的地质地貌，孕育了丰富多样的植物资源，它既是我国暖温带—北亚热带物种最丰富的地区之一，又是诸多古老和孑遗物种的避难所，因而成为植物学野外实习的理想场所。西北大学生命科学学院师生长期在秦岭进行植物学野外实习，积累了丰富资料和野外实习经验，本书沿用和借鉴了老一代教师的资料和宝贵经验，对秦岭五大植物类群——大型真菌、地衣、苔藓、蕨类和种子植物的生存环境、标本的采集和保存，以及秦岭常见种类进行较为详尽的介绍。同时我们在以下方面进行了创新：首先，除了全面介绍秦岭的自然概况外，增加了野外实习基础知识的内容，要求学生在了解野外实习的目的、意义与要求的基础上，一旦发生意外，学会基本的应急处理方法，提高师生的安全防范意识，确保师生在野外实习的安全。其次，本书首次采用"纸质＋新媒体技术"进行出版，其中，文字描述和植物线条图以纸质形式展现，而秦岭常见植物的彩色照片以新媒体形式展现，既做到了内容丰富、图文并茂，又降低了印刷成本和野外负重。再次，首次将最新的 APG Ⅳ 分类系统纳入植物学教学体系中，用系统树的形式介绍了 APG Ⅳ 分类系统的基本构架，并将秦岭常见被子植物依据 APG Ⅳ 的分类系统从"科"一级的水平进行编排，并参考了刘冰等撰写的《中国被子植物科属概览：依据 APG Ⅲ 系统》一文，对相应的"属"进行了调整。由于 APG Ⅳ 的分类系统尚没有科属检索表，书中的检索表仍沿用《中国高等植物图鉴》，对于系统位置变化较大的科，我们在检索表中进行了说明。书中列举的秦岭常见被子植物的种名仍沿用了《秦岭植物志》的种名。书中的植物线条图引自《中国高等植物图鉴》《浙江天目山药用植物志》《植物系统学》等专著，并经编者再加工和美化处理。另外，秦岭常见植物的彩色照片是西北大学植物学教学团队成员在教学和科研实践中长期积累而来，在此一并表示最诚挚的感谢。

被子植物的分类系统处在以形态学为基础的经典分类系统与以 DNA 序列为基础的分子系统学的过渡期，APG 系统作为以分支分类学和分子系统学基础的杰出代表，其分类系统框架和对科级范畴的界定已经成熟，并受到植物学界的普遍认可和广泛应用。作为植物学的教材之一，向学生介绍植物学科的新进展是首要任务，为此，我们在被子植物经典与现代分类系统融合中，首次做了大胆的尝试。

由于编者的水平有限，加之近年来植物学科发展迅速，新成果频出，信息量大，书中难免有不足和错误之处，敬请读者提出宝贵意见和建议，今后进一步修改完善。

编　者

2019 年 4 月 10 日

目 录

第1章　秦岭自然概况 ·· 1

　　一、秦岭自然概况 ·· 1

　　二、秦岭常见植被类型 ···································· 2

第2章　植物学野外实习的基础知识 ·············· 6

　　一、实习的目的、内容与要求 ························ 6

　　二、实习工具 ·· 7

　　三、野外生存常识 ··· 7

第3章　大型高等真菌 ···································· 12

　　一、大型高等真菌的生长环境 ······················ 12

　　二、标本的采集 ·· 13

　　三、标本的保存 ·· 14

　　四、大型高等真菌大类检索表 ······················ 15

　　五、秦岭常见药用或食用大型真菌 ··············· 16

第4章　地衣植物 ·· 19

　　一、地衣植物的生长环境 ······························ 19

　　二、地衣植物的三种基本生长型 ··················· 20

　　三、秦岭常见地衣属检索表 ·························· 22

　　四、秦岭常见药用地衣 ································· 24

第 5 章　苔藓植物···26

　一、苔藓植物的生境···26

　二、苔藓植物的分类概况··27

　三、苔藓植物的观察、采集和标本制作·······················29

　四、秦岭常见药用苔藓植物·····································31

第 6 章　蕨类植物···36

　一、蕨类植物的观察方法··37

　二、蕨类植物的采集和标本制作·································37

　三、秦岭蕨类植物分科检索表···································38

　四、秦岭常见蕨类植物··43

第 7 章　种子植物···50

　一、种子植物的标本采集与制作·································51

　二、秦岭种子植物··54

　　（一）秦岭裸子植物分科检索表·······························54

　　（二）秦岭常见裸子植物 ·····································55

　　（三）双子叶植物分科检索表 ·······························61

　　（四）单子叶植物分科检索表 ·······························78

　　（五）秦岭常见被子植物（按 **APG Ⅳ** 分类系统）···80

附　录···231

　附录Ⅰ　高等植物的系统发育·································231

　附录Ⅱ　陕西植被水平带分布图 ·····························232

　附录Ⅲ　秦岭植物志（第一卷）目录 ···········233

　附录Ⅳ　中文科名索引 ·······································237

　附录Ⅴ　智能手机在野外实习中的应用 ········242

参考文献···246

第 1 章　秦岭自然概况

一、秦岭自然概况

秦岭也称终南山，因其主脉横贯古秦地（今陕西）南部，故称秦岭。广义的秦岭西起甘肃省临潭县北部的白石山，以迭山与昆仑山脉分界，向东经天水南部的麦积山进入陕西，在陕西与河南交界处分为三支：北支为崤山，余脉沿黄河南岸向东延伸，通称邙山；中支为熊耳山；南支为伏牛山，南部一小部分由陕西延伸至湖北郧县（今郧阳区）。全长约 1 600 km，南北宽 10～300 km。狭义的秦岭指陕西中部的秦岭，俗称中秦岭，是秦岭的核心部分，海拔高度一般在 1 200～3 000 m 之间，东西长近 500 km。主脉由东向西逐渐升高，主峰太白山海拔 3 767.2 m，居于中部偏西北，为我国青藏高原以东第一高峰。

秦岭横贯中国中部，是我国南北地理分界线，长江和黄河水系的分水岭。秦岭以北受风力和流水的共同作用形成了独一无二的黄土地貌——黄土高原；秦岭以南则主要受流水作用形成了丘陵和喀斯特地貌。秦岭山脉两侧的地貌特征明显不同：北坡山势险峻，从秦岭主脊到北麓的水平距离不足 40 km，因是大断层，山势陡峭形成千崖竞秀的壁立山峰，并在水流的强烈切割作用下，形成了秦岭北坡诸多的深切河谷，俗称"七十二峪"。秦岭北侧因受西北大陆性气候的影响，雨量较少，气温较低，故显干燥，形成了秦岭以北温带气候。秦岭南坡山势逐渐平缓，水系深长，面积广阔，因受东南季风的影响，雨量充沛，气温较高，常年较为湿润，形成了秦岭南侧的北亚热带气候。

秦岭复杂多变和富有特色的地质地貌，孕育了丰富多样的生物资源，成为我国暖温带–北亚热带物种最丰富的地区之一，又是诸多古老和孑遗物种的避难所，因而成为世界最重要的生物基因库，也是我国首批十二个国家级生态功能保护区之一。据统计，秦岭山脉中，仅种子植物就有3446多种，加上苔藓和蕨类植物，高等植物的总数达4000多种。其中，秦岭特有的种子植物1007属，独叶草、星叶草、红豆杉、太白红杉、华山新麦草、大果青杆、水青树、连香树、山白树、领春木等国家重点保护植物16种，陕西地方重点保护植物51种。秦岭地区昆虫约3358种，其中国家Ⅱ级保护昆虫2种，包括三尾褐凤蝶和中华虎凤蝶；鸟类338种，其中国家保护鸟类和特有鸟类近20种，包括朱鹮等珍稀鸟类；兽类约140种，其中国家Ⅰ，Ⅱ级保护种类达19种，包括大熊猫、金丝猴和羚牛等。

二、秦岭常见植被类型

秦岭南北气候差异明显，造就了南坡和北坡迥然不同的植被类型和自然景观。秦岭南坡以落叶阔叶和常绿混交林为基带，自下而上依次分布着常绿、落叶阔叶混交林，落叶阔叶林、针阔叶混交林，呈现北亚热带森林植被景观。植物种类则杂有亚热带阔叶常绿植物及亚热带针叶树种。秦岭北坡自下而上为落叶栎林带、桦木林带、针叶林带和高山灌丛草甸带，构成了典型的暖温带山地森林植被景观。植物种类多为华北落叶阔叶类型，高山区则含有青藏高原植物成分。因此，秦岭为华北、华中和青藏高原植物区系成分交汇带，明显反映了与各个地区的联系性。同时，该地区山势高峻，气候差异性显著，加上其他综合因素的影响，形成了秦岭植被的独特性，而且具有明显植物垂直分布带谱。南北坡除基带具有明显的不同外，其余各带只有量和高度上的微小差异，南坡各带海拔范围一般比北坡高100~200 m。

1. 山麓农耕植被带

农耕植被带在海拔600~900 m间分布，平缓土厚的地方已垦殖和建设村屋，上部陡峻多石的坡上有受人工保护的侧柏矮林和疏林，今天为显著的山村景观，昔日乃落叶阔叶林分布地。

2. 落叶阔叶林带

这是紧接农耕带以上的植被带，垂直分布范围相当大，海拔 780～2 800 m 的大部分山地被落叶阔叶林占据，主要类型是栎林和桦木林，伴存有温性针叶林、侧柏林、油松林和华山松林。由于落叶阔叶林各主要群系在垂直空间上的趋异分布，本带还应划为 5 个亚带。

（1）栓皮栎林亚带：分布于海拔 780～1 200 m 间，气候温和湿润，年均温 10～12℃，年雨量为 650～800 mm，土壤为山地褐土和山地棕壤。栓皮栎是本亚带的代表类型，分布广且多纯林。乔木层中常有零星生长的槲栎、槲树、圆柏等；林下灌木种类较多，常见有黄栌、杭子梢、毛樱桃、卫矛、葱皮忍冬、扁担杆、鞘柄菝葜、多花胡枝子等；草本层以大披针苔最多，其他还有野青茅、兔儿伞、苍术、牡蒿、短角淫羊藿、大油芒等；层间植物有华中五味子、盘叶忍冬、三叶木通、野葡萄、穿龙薯蓣等。山麓地带的侧柏林乃栎林破坏后次生而成。

（2）锐齿栎林亚带：分布于海拔 1 200～1 800 m 间，气候夏温暖、冬寒冷，年雨量 800～1 000 mm，土壤和空气湿度均大于前一亚带，以山地棕壤为主。锐齿栎林是本带的一个重要区林类型，出现在秦岭北坡较为普遍，形成了一个独立的山地植被亚带，占有较为宽厚的垂直范围。锐齿栎林多为萌生纯林，外貌葱郁整齐。林内伴生树种有栓皮栎、辽东栎、山杨、青榨槭、华山松、油松等少量个体；灌木层种类复杂，有绣线菊类、胡枝子类、杭子梢、桦叶荚蒾、绣线梅、卫矛、米面翁、青荚叶、六道木等；草木层主要有宽叶苔草、大披针苔、野青茅、铃兰、糙苏、山萝花等；藤本植物除华中五味子、三叶木通、盘叶忍冬外，还有串果藤、葛等。

（3）辽东栎林亚带：分布于海拔 1 800～2 300 m 范围内，夏温和，冬严寒，年雨量仍较丰沛，蒸发量小，湿度较大，以山地棕壤为主。辽东栎在秦岭北坡主要分布在沣河谷以西，太白山北坡面积大，纯林少见，多与山杨、千金榆、槭类、华山松等混生；林下灌木习见者照山白、华桔竹、箭竹、湖北山楂、桦叶荚蒾、青荚叶、大叶华北绣线菊等；草本植物种类很多，常见有短角淫羊藿、宽叶苔草、鬼灯檠、黎芦等。

（4）红桦林亚带：分布于海拔 2 300～2 600 m 的山地，气候温凉，降水较前一亚带有所减少，土壤为山地暗棕壤。红桦林结构简单，多系纯林，群落层次分明，林相比较整齐。林木中混生牛皮桦、巴山冷杉、华山松、槭类等；灌木以峨眉蔷薇、箭竹、太白杜鹃、桦叶荚蒾、陕甘花揪、华帚菊、唐古特忍冬（陇塞忍冬）等为常见；草本有大花糙苏、假冷蕨、大叶碎米荠、碎米荠、毛状苔草、赤芍等。

（5）牛皮桦林亚带：分布于海拔 2 600~2 800 m 的中山地带，水热条件均低于红桦林亚带，这是山地落叶阔叶林带中分布最高的一个亚带。牛皮桦林多以纯林出现，仅在有些群落中夹有少量巴山冷杉、红桦等乔木；林内灌木有金背杜鹃、川滇绣线菊、太白杜鹃、冰川茶藨子、峨眉蔷薇、华桔竹等；草本层的优势种有升麻、大叶碎米荠、多种苔草、独叶草及大花糙苏等。

3. 山地针叶林带

以冷杉属和落叶松属乔木树种为建群种的寒温性针叶林分布于山地中上部，主要集中于海拔 2 800~3 400 m 的垂直范围内，形成一个独立的植被垂直带。气候夏季温凉短促，冬季严寒绵长，年雨量约 800~900 mm，土壤为山地暗棕壤。按针叶林类型的不同，本带划分为两个亚带。

（1）巴山冷杉林亚带：分布于海拔 2 800~3 200 m 间，巴山冷杉林占优势地位，另外小面积的秦岭冷杉林也有出现。林地潮湿，腐殖质层较厚。外貌暗绿，林相整齐。群落中除在上下过渡地带有少量太白红杉或牛皮桦混生外，一般为纯林；灌木层的植物随上层乔木度疏密变化较大，主要种类为金背杜鹃、秀雅杜鹃、华西忍冬、五台忍冬、华西银露梅、冰川茶藨子等；草本层植物主要有大叶碎米荠、秦岭弯花紫堇、独叶草、细弱草莓等。郁闭度较大时，灌木层与草本层植物均很少，常常形成发达的地被层，藓被厚度达 3~13 cm。

（2）大白红杉林亚带：分布于海拔 3 200~3 400 m 间，其上限即为秦岭北坡森林分布的最高界线。本带基质粗糙，裸岩出露甚多，土层脊薄，气候严寒，风力强劲。太白红杉在本带下部阴坡和半阴坡生长较好，靠近上限的林木生长缓慢，茎秆低矮弯曲，整枝不良，林木稀疏。群落中除在分布下限附近混生巴山冷杉及牛皮桦外，多形成纯林；灌木主要有头花杜鹃、华西银露梅、高山绣线菊、金背杜鹃、刚毛忍冬、华西忍冬、杯腺柳、香柏等；草本植物则比较复杂，优势种有蒿叶禾草、毛状苔草、白花碎米荠、发草、太白韭、珠芽蓼、秦岭龙胆等。有些林下草本植物很少，藓类地被植物较多，主要为塔藓、镰刀藓、泥炭藓等。

4. 高山灌丛草甸带

此乃秦岭山区出现位置最高的一个植被带，在太白山北坡分布于海拔3 400～3 767 m的岭脊山顶。地势高峻，基岩裸露，风化岩屑块石遍布；气候十分寒冷，一年中10个月以上均温低于0°C，最低可达−30°C以下，七八月处于5～10°C的约有50天；年降雨量700～800 mm，风力强劲，生长期短。土壤主要为薄层的高山草甸土与原始土壤。严酷的环境限制了乔木树种的生存，发育着能耐高寒气候的灌丛、草甸植被和地衣群落、苔藓群落。按照不同高程各主要群系的相对集中程度，本带可划分为两个亚带。

（1）头花杜鹃灌丛与杯腺柳灌丛亚带：分布于海拔3 400～3 600 m间，主要植被类型为具常绿草质叶片的头花杜鹃灌丛和落叶阔叶的杯腺柳灌丛及高山绣线菊灌丛，前者分布最广，面积最大，后者面积较小。各类灌丛的建群种植被低矮，分枝繁密，呈直立或半匍匐状，在多风处植株更矮，成为高仅5 cm的密垫状。群落中除头花杜鹃、杯腺柳、高山绣线菊互有混生外，还可见到华西银露梅、香柏等；草本层以禾叶嵩草、球穗蓼、珠芽蓼、太白韭、太白银莲花、秦岭龙胆等为习见。这些灌丛常与草甸镶嵌分布，但是灌丛主要成分分布于本亚带，而生长发育较为良好。

（2）禾叶嵩草、球穗蓼草甸亚带：分布于海拔3 600～3 767 m间的太白山顶部，生境比前一亚带更严酷，头花杜鹃等灌丛的面积明显缩小，群落也更加低矮，占优势的植被类型是由禾叶嵩草和球穗蓼分别或共同为建群种形成的高山草甸，此外尚有小片野罂粟草甸分布。高山草甸的植物低矮，生长密集，群落结构简单，草层高度除禾叶嵩草草甸较高外，一般仅10 cm左右。常见伴生植物较多，主要有秦岭无尾果（光果羽叶花）、大拟鼻马先蒿、紫苞凤毛菊、石砾紫苑、秦岭龙胆、滨发草、苔草、太白韭、珠芽虎耳草、凤尾七等。夏季各种植物盛花时节，群落外貌十分华丽动人。

第2章　植物学野外实习的基础知识

一、实习的目的、内容与要求

植物学野外实习是生物科学、生态学、生物技术、药用植物学等相关专业实践教学的重要环节，是植物学课堂教学的延伸和补充，将生动性、综合性和实用性融为一体，是理论与实践联系的桥梁。野外实习是培养综合性人才的关键环节之一。通过植物学野外实习要达到以下目的：

（1）通过实际观察，巩固、验证、领会和补充课堂教学中所学的基础理论和基本技术，提高分析和解决实际问题的能力。

（2）培养和训练野外工作能力。从事生物学研究、生态保护等工作需要掌握基本的野外调查和实验方法，如植物类群的识别、标本的采集和制作、科学信息采集和规范的野外记录，以及基本的野外生存技巧等。

（3）对秦岭丰富的植物多样性加深了解，能够识别和掌握秦岭地区重要的植物类群，包括常见种类、重要的经济植物、区系和群落构成中的重要类群及系统位置上关键类群等，培养学生热爱自然、保护环境的生态文明意识。

（4）培养团队协作精神。野外实习地点常常位于秦岭腹地，交通不便，生活设施简陋，需要学生培养相互帮助，团结协作，吃苦耐劳、艰苦朴素和勤俭节约的精神。

（5）积累标本和数据。植物学标本和相关数据是进行科学研究、资源开发和保护，以及相关决策的基础资料，是宝贵的财富。标本和相关数据的积累是一个长期的工作，野外实习所采集的标本和数据也是此类基础资料积累的重要途径之一。

二、实习工具

实习以小组为单位，各实习小组在出发前应准备以下实习用具：

（1）定位测量工具：北斗系统、GPS、望远镜、放大镜、皮尺、温度湿度计、数码照相机、铅笔和记号笔。

（2）采集工具：枝剪、高枝剪、标本夹、标签、采集袋、塑料袋、锯子、号牌、采集记录本、小铲子、分子袋（采集分子材料）、变色硅胶。

（3）鉴定工具和资料：体视显微镜、解剖刀、刀片、《中国高等植物图鉴》《秦岭植物志》《秦岭常见野生植物图鉴》《中国秦岭常见药用植物图鉴》，安装有"植物识别App""指南针""户外地图""北斗系统"等软件的智能手机。

（4）个人用品：相关的实习指导书、笔记本、橡皮、透明胶带、照相机、遮阳帽、长袖外衣、长裤、雨具、洗漱用品、运动鞋（登山鞋）、水壶、手电筒、常用药及其他生活必需品。

三、野外生存常识

野外实习中由于天气状况及环境的复杂性，要求学生在发生意外时，学会基本的防范和应急处理方法。常见的意外有暴风雨、迷失方向、毒蛇毒蜂咬伤等。

1. 暴风雨

夏秋季节，经常出现暴风雨天气，伴随着雷电和山洪。山顶和大树最容易遭受雷击。山间小溪瞬间会变得波涛汹涌。因此，在野外实习时，面对突发雷暴天气，要迅速离开溪涧和河道，向两岸高地走。切勿尝试越过已被河水漫过的桥梁。发现河水湍急、混浊及夹杂泥沙时，即是山洪暴发的先兆，应迅速远离河道。若不幸掉进湍急的河水中，应迅速抱紧或抓住岸边的石块、树干或藤蔓，设法爬回岸边或等待求援。暴风雨过程中，若伴随着雷电，应远离山尖、山脊。切勿沿山脊下山，不可停留在树、灯柱或高压电缆及塔架之下，更不可躲在浅坑或岩洞之中，如果附近有民居应迅速前往暂避。万一躲避不及，应双脚合并，双手离地，蹲在绝缘物体或碎石堆上，切勿坐或伏在地面上，并尽量保持身体干爽。小组成员不可在同一地点躲避。万一有人不幸被雷电击中，其他成员应立刻对伤者进行急救。救治受雷击伤者需要不断施以人工呼吸及胸外压，即使伤者呼吸停顿，也不应轻易放弃希望，要做最大努力施救。

2. 迷失方向

野外实习经常会在陌生的地方，茂密的森林、灌丛，或在阴霾、多雾的天气活动，我们的方位感就会变得十分模糊。这时要紧随带队老师或向导，不要脱离队伍独自行动。如果已与带队老师或向导走散，无把握不要远行，始终注意自己出发或居住的方位，努力记住所经过的重要标志，或沿途做标记。若不慎迷路，首先要保持冷静，回忆方位，可经原路返回起点。若不能经原路返回起点，应留在原地等候救援。若决定继续前进，要先用指南针确定方向，并在寻路过程中在每个路口留下明显标记。若无法确定方位时，应往高处走，居高临下较容易辨认方向，也容易被救援人员发现。

常见辨别方向的办法有：①利用智能手机上的户外地图或指南针，出发前，打开户外地图（如"二步路"户外地图等），并进行航迹记录，返回时可直接利用航迹进行导航；②利用北极星；③利用植物，南面植物枝叶茂密，松树流出的松脂多且大块；④立竿法，在一空旷处立一直竿，此时竿有一影，记下影子的顶点位置，做好标志 A，过 10 min 左右，影子的顶点变到另一处，记下位置做好标记 B，AB 两点的垂直平分线为正北方向，向太阳的一方为正南。

3. 危险生物

（1）毒蛇：大部分蛇类都非常怕人，除非它们认为受到威胁，否则不会主动攻击人，碰到人类，它们多数会逃走。万一被蛇咬了，要学会判定是被毒蛇还无毒蛇咬伤，以便进一步紧急处理。

毒蛇具毒牙和毒腺。毒牙分管牙和沟牙。毒蛇的毒腺可分泌黏稠、呈弱酸性的浑浊液体，又称毒液。毒液的主要成分是 65%～80% 的水分、各种酶和蛋白质（蛇毒）。蛇毒内含有的毒素依其对动物的生理作用可分为神经性毒素、出血性毒素、凝血性毒素、溶血性毒素、细胞性毒素和抗凝血性毒素等多种。

被毒蛇咬伤的伤口，绝大多数情况下留有两个大而深的牙痕，由于毒牙之后还有预备牙以及咬人角度不同，有时可见到 1，3 或 4 个牙痕。秦岭常见的毒蛇主要为蝮蛇（秦岭亚种和菜花铬铁头）。

被无毒蛇咬伤的伤口，局部留有 4 行均匀而细小的牙痕。伤口出血不多，且很快就会止血结痂，周围不出现肿胀，或仅有轻微红肿。

毒蛇一般不主动伤人，通常是在人进入毒蛇攻击的范围内，不小心踩、压到它时才会攻击。有时人们在捕捉毒蛇时，会因处理不当而受到毒蛇的伤害。我们野外实习所发生的蛇伤事件，均来自对已采集毒蛇的处理不当上，特别是将蛇放入或取出容器时。

外出作业时，应随身携带一些常用蛇药、吸毒器，实习队常备有绑扎用的布条、小刀、过氧化氢（双氧水）等急救用品，最好能备有蛋白水解酶、普鲁卡因、一次性注射器等组成的急救包，以便发生意外时及时处理。野外工作时要求穿长袖衣和长管裤，脚上穿高帮鞋或胶鞋、厚帆布护腿等。

如果被毒蛇咬伤，尽量保持镇静，不要奔跑，放低伤口部位。迅速用绳带、手帕或将衣服撕成布条扎在伤口的近心端，阻止蛇毒向全身扩散。结扎时间不能过长，约 15 min 左右放松一次，间隔 3 min 后再扎起来，以免血液循环受阻，导致局部组织坏死。同时用过氧化氢（双氧水）或 0.1% 高锰酸钾溶液清洗留在伤口表面的毒液，也可用清水或食盐水清洗。用清洁的小刀以"十"字状剥开伤口，使毒液流出或用吸毒器把毒液吸出，从伤口周围向伤口挤压排毒 20～30 min。后按说明书在伤口外敷蛇药或口服蛇药。切忌用止血药止血。在野外采取上述急救措施后，还应送医院观察治疗。若条件许可，应想办法抓住该蛇，同时携带该蛇去医院，以利于采取相应的抗毒血清救治（抓蛇时一定要注意安全）。

（2）蜂：秦岭地区的夏秋季节常常发生毒蜂蜇人中毒事件。袭击人类或动物的蜂类主要为蜜蜂、地蜂、胡蜂或马蜂，实习中要小心避免误触蜂巢。若遭遇蜂巢，切勿用树枝等拍打路边树丛，可绕路而行。避免使用芳香味的化妆品，该类化妆品易吸引蜜蜂类。若偶遇几只蜂在头顶盘旋，可不予理会，照常前行。万一被蜂蜇伤，看到螯针，可用镊子将螯针拔除，千万不要挤压毒囊，以免剩余毒液进入皮肤。被蜇后可用吸毒器吸出毒液，并用冷水浸透毛巾轻敷蜇伤处，减轻肿痛。严重蜇伤应尽快求医。若遇蜂群追袭，可原地坐下来不动，并用外衣包裹头颈部，蜷曲卧在地上，待蜂群散开后，再慢慢撤离。

（3）蚂蟥：蚂蟥又称蛭，是一种高度特化的环节类吸血动物。其头部有吸盘，能分泌麻醉性物质和抗凝血因子，一旦附着在皮肤上，不易被感觉到。本地区常见的蚂蟥为旱蚂蟥。常栖息在溪边的杂草丛中，尤其在潮湿腐败的枯枝烂叶中较多。蚂蟥常用身体的一端附着在地面或枝叶上，另一端在空中摆动，用于感受路过的温血动物，当有温血动物（包括人类）经过时，它能迅速附着上身体。蚂蟥叮人吸血后容易引起感染。因此，在野外实习时，应穿长裤，并且把袜子套于裤管外，扎紧裤脚，以防蚂蟥接触皮肤。

万一被蚂蟥叮咬，或发现它正在吸血时，切勿惊恐，不可用手指强拉，以免将蚂蟥的鄂片和口器（吸盘）部分留在伤口内，造成久不愈合的溃疡。正确的处理方法是：用手掌连续拍击周围的皮肤，使其受震动而掉落；也可用浓盐水、酒精、花露水等滴在它的身体上，或用火柴或打火机烧，蚂蟥即会放松而自行脱落。伤口处涂上红汞或紫药水，防止感染。若血流不止，可用无菌敷料加压包扎。

（4）危险植物：山区有些植物也会对人构成危害，如漆树可导致部分人过敏。有刺植物或竹茬可刺伤手脚，有些蘑菇或野果有毒，进食会中毒甚或致命。所以实习时应避免进入生长茂密的丛林中；最好戴上手套，用手抓植物时，仔细留意是否有钩刺；切勿用手接触漆树，万一接触漆树，引起皮肤过敏时，应服用抗过敏药或静脉注射葡萄糖酸钙，严重时应立即求医诊治。不能随便采摘不认识的蘑菇或野果食用，如果误食出现中毒症状应立即求医诊治。

4. 暑热

野外实习大多在高温暑热季节进行，稍不注意可能发生中暑。中暑的症状是突然头晕、恶心、昏迷、无汗或湿冷，瞳孔放大，发高烧。发病前，常感口渴头晕，浑身无力，眼前阵阵发黑。此时，应立即在阴凉通风处平躺，解开衣裤带，使全身放松，再服十滴水、人丹等药。发烧时，可用凉水浇头，或冷敷散热。如昏迷不醒，可掐人中穴、合谷穴使其苏醒。

5. 一般性中毒

（1）食物中毒：食物中毒的症状是恶心、呕吐、腹泻、胃痛、心脏衰弱等。由于不慎吞咽引起的中毒，最有效的方法就是呕吐，但对于那些呕吐时能引起进一步伤害的化学性物质和油性物质，这一方法就不适用。

另一种方法是洗胃。快速喝大量的水，然后吃蓖麻油等泻药清肠。也可用茶和木炭混合成消毒液，或只用木炭，加水喝下去，让其吸收毒质。

（2）皮肤中毒：皮肤接触有毒的植物后会引起过敏、炎症、腐烂等中毒现象，甚至导致死亡。皮肤接触有毒的植物后，应用肥皂与水冲洗干净，更要清除衣服上的污迹。不能用中毒的手碰触头、脸等其他身体部位。

第 3 章　大型高等真菌

真菌（Fungi）并不属于绿色植物，它们既不含叶绿体，也没有质体，是典型的异养生物。真菌从动物、植物的活、死亡体和它们的排泄物中吸收或分解其中的有机物，作为自己的营养。真菌具有明显的细胞壁，通常不能运动，以孢子的方式进行繁殖。二界系统中，真菌被分在"植物界"，传统植物学也将真菌类作为一个门进行介绍。大型高等真菌是指子实体较大的子囊菌和担子菌，它们中许多种类供人类的食用和药用，为此，本书简要介绍秦岭的大型高等真菌，要求初步了解大型真菌的生物学性状和分类特征，并能识别高等真菌的大类群和秦岭常见种类。

一、大型高等真菌的生长环境

大型真菌一般生长在潮湿的森林、山谷和小河边的草丛中。夏秋两季雨水丰盛时，在旷野、荒芜地、腐木、枯枝叶层及树上都可以找到大型真菌。在活的或死的树干上或树根上常常可见大型的木质化或革质化的多孔菌的子实体；在森林地面、腐木、枯枝叶层上常常可见伞菌类各式各样的子实体；而在山野有机质丰富的地方，常有腹菌类的地星和马勃的子实体。

二、标本的采集

1. 采集工具

采集桶（或长方形提篮）、标本盒、掘根器、采集刀、枝剪、砂纸、标本纸、记录本、铅笔、号牌、照相机、温度计、手锯、钢卷尺。

2. 采集方法

（1）土生的真菌种类：采集生长在土地上的真菌种类时，应该用掘根器将土壤的部分和菌托一起掘出来。

（2）树枝或树叶上的种类：连同树枝或树叶的一部分或全部剪下来。

（3）生长在较大的树干、树根或木桩上的真菌：用大型采集刀将其剔下，或用手锯连同一部分枝条锯下来。

（4）寄生的种类：连同寄主一起采下来。

每采集一种，都要填写野外采集记录本，并按记录本上的编号填写标签，以便正确鉴定。要想表达它们生境时，可用照相机连同它们的周围环境摄下照片，或者用文字详加描述。

采集伞菌时不可直接用手拿已采下的伞菌菌盖及菌柄，以免在其表面留下指印，影响后期的鉴定。此外，在手拿时，若稍不小心，手指也可能碰掉子实体上易碎的菌环和菌托，这两部分也是鉴定时极其重要的依据之一。

标本采到后，系上号牌，然后放到标本盒或手提篮。如果采到的标本比较坚韧，且体积不太大时，可以先用旧报纸包起来，然后放入盒中。若采到的标本形体较小，柔弱且易碎时，先将一块砂纸做成漏斗状，再把标本的菌柄向下放在里面，两端用手拧起来，然后放入标本盒里。这样的包装方法，可以保证菌盖、菌柄（及其表面附属物）、菌环及菌托等部分的某些细微的特征不会受损。

各种真菌的孢子，在形态、大小、颜色等方面都有很大差异，为了得到伞菌所产生孢子的正确颜色，及孢子在菌褶上的排列方式，可通过制作孢子印的方法进行记录。

孢子印的制作方法：先将成熟且完整的菌盖从菌柄顶端切下，然后使菌褶向下，将菌盖扣在纸上（白色的孢子可用乌光纸，其他颜色的孢子可用白纸），放在盛有半杯水的水杯上，菌褶上的孢子几小时以后会散落在纸上，呈现出圆形放射状有色的孢子印，且印痕与菌褶排列方式完全吻合。制作好的孢子印上标出采集号（与标本相同），并将孢子印纸与标本一同保存，以便查找。

三、标本的保存

1. 干制法

（1）干燥法：对于形体较小的种类，天气干燥时，标本放在窗口通风处1~2天即可；形体较大的种类，需在阳光下晒干或用烘干。干燥后的标本放入标本盒内，加卫生球即可长期保存。

（2）压制法：寄生的种类连同寄主一起可用腊叶标本制作法制作（详见被子植物的部分）。

凡是不易腐烂、潮解或无害虫寄生的种类，都可以用此法保存。

对于形体较大肉质的伞菌，需要特别的制作方法：拿一张纸，涂上阿拉伯胶或鸡蛋白，使其干燥，然后将采回新鲜的伞菌用刀纵切成三部分，这三部分基本上可将子实体的形态、结构和附属物保存齐全，然后将三部分分别放置在涂有胶的纸上，盖上吸水纸或纱布，夹在标本夹里，每天换2~3次吸水纸，直到干燥为止。待完全干燥后，将标本周围的纸完全剪去，贴在台纸上入柜保存。

2. 浸制法

（1）一般保存液的配制：在1000 ml 70%的酒精中加入6 ml甲醛（福尔马林）即成。将标本清理干净后，可直接投入该固定液中保存。如果子实体在固定液中漂浮，可将标本拴在长玻璃条或玻璃棒上，使其沉入保存液中，然后用蜡将标本瓶口密封，贴上标签，入柜保存。

（2）有色保存液：

①保持白色、淡褐色及淡灰色标本的保存液：

甲醛 10 ml、硫酸锌 25 g、蒸馏水 1 000 ml，或 40%甲醛 6 ml、50%酒精 100 ml。

②保持黄色标本的保存液：

亚硫酸 568 ml、95%酒精 568 ml、蒸馏水 4 500 ml。

③其他颜色标本保存液：

保存液 1：醋酸汞 10 g、冰醋酸 5 ml、蒸馏水 1 000 ml。

保存液 2：醋酸汞 1 g、中性醋酸铅 10 g、冰醋酸 10 ml、90%酒精 1 000 ml。

四、大型高等真菌大类检索表

为了便于对高等真菌进行识别和鉴定，本书主要依据大型真菌的形态差异，将大型真菌人为划分为几大类群，其中的每一类群包括的种类也相差很多，有的是 1 个科，仅为 1 个属。

1. 子实体伞形、半圆形、扇形、头状、珊珊状、耳形、瓣片状、球形、笔形，具担子，担孢子外生于担子的小梗上（担子菌纲）.................. 2

1. 子实体盘状、马鞍状或羊肚状，具子囊，在子囊内产生子囊孢子（子囊菌纲）... 11

2. 子实层体为菌褶，子实层生于菌褶的两面，子实体伞状.....................
.... 1. 伞菌类

2. 子实层体不为菌褶，子实层生于菌管或菌齿上，或生于棒状、珊瑚状、树枝状、瓣片状、耳形子实体表面................................ 3

3. 子实层生于菌管或菌孔内..................................... 4

3. 子实层不生于菌管或菌孔内................................... 5

4. 子实体伞形，肉质，菌管密集排列在菌盖下面，彼此不易分离............
.... 2. 牛肝菌

4. 子实体圆形、半圆形、扇形、匙形等，幼时有的柔软，但老时多坚韧、革质或栓质；有柄，或具分枝的柄，或无柄·················· 3. 多孔菌类

5. 子实层生菌齿上，子实体头状、伞状·················· 4. 齿菌类

5. 子实层不生菌齿上·················· 6

6. 子实层生于棒状状、珊瑚状或树枝状子实体表面·············· 5. 珊瑚菌类

6. 子实层不生于棒状状、珊瑚状或树枝状胶质子实体表面·················· 7

7. 子层生于胶质的瓣片状、耳状子实体表面·············· 8

7. 子层不生于胶质的瓣片状、耳状子实体表面·············· 9

8. 子实体白色，或金黄色就鲜红或橙色，子实体瓣片状或匙形，担子纵分隔·················· 6. 银耳类

8. 子实体耳形，红褐色或棕褐色，干后黑褐色或黑色，担子横分隔；子实层生于子实体上表·················· 7. 木耳类

9. 子实层生于漏斗形或喇叭形子实体外侧. 子实层裸露，外无包被·················· 8. 喇叭菌类

9. 子实层外有包被，子实体球形、梨形、陀螺形或笔·············· 10

10. 子实体球形、梨形或陀螺形，成熟后子实层仍包于苞被内，苞被破裂后放出孢子粉末·················· 9. 马勃菌类

10. 子实体笔形，成熟时包被破裂伸出长柄，柄上都具黏臭的孢体·················· 10. 鬼笔类

11. 子实体盘状或碗状，有柄或无柄·················· 11. 盘菌类

11. 子实体不为盘状或碗状·············· 12

12. 子实体马鞍形，子实层生于马鞍形菌盖的上表面·········· 12. 马鞍菌类

12. 子实体羊肚状，上部具坑凹，子实层生于凹陷处·········· 13. 羊肚菌类

五、秦岭常见药用或食用大型真菌

1. 羊肚菌 Morchella esculenta（L.）Pers.

菌盖近球形，边缘全部和柄相连，表面有网状棱纹。菌柄圆柱状，生

于林地和林缘。可药用和食用。

2. 麦角菌 *Claviceps purpurea* (Fr.) Tul.

寄生于禾本科植物的子房内，菌核角状，稍弯曲，坚硬，外表紫黑色，内部近白色。菌核入药。

3. 银耳 *Tremella fucifemlis* Berk.

担子果纯白色，半透明胶质，由许多薄而卷曲的片组成，干燥后呈淡黄色。生于阔叶树的腐木上；可食用和药用。现已人工培育。

4. 木耳 *Auricularia auricula* (L. ex Hook.) Underw.

担子果薄，有弹性，胶质，半透明，耳状、叶状或杯状，常呈红褐色。生榆、杨、榕等段木或树桩上，可食用和药用。现多人工栽培。

5. 香菇 *Lentinus edodes* (Berk.) Sing.

菌盖半肉质，宽 5～12 cm，扁半球形，后渐平展，上有淡褐色鳞片；菌肉薄，白色。柄中生至偏生，白色，内实，常弯曲，革质。生阔叶树倒木上，可食用和药用。现已大量人工培养。

6. 树舌 *Ganoderma applanatum* (Pers.) Pat.

菌盖无柄，半圆形，常呈灰色，渐变褐色，有同心环状棱纹，皮壳脆角质；菌管多层，管口近白色至浅黄色，受伤处迅速变为暗褐色。生于阔叶树的树干上。药用。

7. 云芝 *Polystictus versicolor* (L.) Fr.

菌盖覆瓦状，革质，无柄或平伏而反卷，半圆形至贝壳状，往往相互连接，有细长毛或绒毛，颜色多种，有光滑、狭窄的同心环带；菌肉白色，管口白色。生于阔叶树的朽木。药用。

8. 猪苓 *Polyporus umbellatus* (Pers.) Fr.

菌核为不规则块状；表面凸凹不平，皱缩，多瘤状突起，黑褐色，有油漆光泽，内部半木质，白色。生于阔叶树的根旁土壤中。菌核人药。

9. 松乳菇 *Lactarius deliciosus* (L.ex Fr.) Gray.

子实体中等至较大，扁半球形，伸展后下凹，胡萝卜黄色或深橙色，有或无明显环带；菌肉初为白色，后变为胡萝卜黄色；乳汁少，橘红色，最后绿色。生于阔叶林地。可食用和药用。

10. 裂褶菌 *Schizophyllum commune* **Fr.**

担子果散生或群生，往往呈覆瓦状。菌盖宽 0.6～4.2 cm，质韧，白色至灰白色，上有绒毛或粗毛，扇形或肾形，边缘内卷，具多数裂瓣；菌槽窄，从基部辐射而出，白色或灰色，沿边缘纵裂而反卷，生多种阔叶树及针叶树的树干、树枝或腐木上。药用。

11. 硬皮地星 *Geastrum hygrometricum*

实体未成熟呈球形，成熟后从顶端呈星芒状张开，6 至多瓣。潮湿时仰翻，干时内卷。外表面灰至灰褐色。内侧淡褐色，具不规则龟裂。内包被薄膜质，扁球形，直径 1.2～2.8 cm，灰褐色，成熟后顶部开口。山坡林下。药用。

12. 马勃类

担子果多呈球形、近球形或其他形状，无柄或有柄。包被 2 层或多层，不开裂或开裂，成熟后其内部变为青褐色、黑褐色粉末。生于林地、林缘或草地上。药用。

第 4 章 地衣植物

地衣（Lichens）是藻类与真菌共生所形成的一类特殊的生物复合体，菌丝缠绕藻细胞，并包围藻体。藻细胞光合作用制造的有机物，大部分被菌类所夺取，藻类和外界环境隔绝，只能依靠真菌为其提供水分、二氧化碳和无机盐。地衣体的形态主要由真菌所决定，两者形成一种特殊的共生关系。要求通过实习掌握地衣体的形态特征，识别地衣的三种生长型，并初步学会在野外鉴别部分常见属的基本方法。

一、地衣植物的生长环境

地衣多生于潮湿而空气新鲜的环境，尤以各地森林、岩面和草地上为多，即使在极其寒冷的北极也有大量生长。地衣对二氧化硫非常敏感，所以，在城市中心和工厂附近很少有地衣生长。另外，不同的地衣，其生活的具体环境和生长基质也有所不同，有些可作为鉴别地衣一些属种的参考。如松萝属（*Usnea*）多附生在树干和树枝上（尤以针叶树为多）；石黄衣属（*Xanthoria*）常见于树枝（特别是山杨等树皮上）、建筑物的旧木板和石头上；地卷属（*Peltigera*）多见于森林和草地上；树花属（*Ramalina*）大多见于树上；皮果衣属（*Demlatocarpon*）地衣都生于岩石上；茶渍属（*Lecanora*）、蜈蚣属（*Physcia*）、梅衣属（*Parmelia*）中，有些生于岩石上，有些则生于树上；文字衣属（*Graphia*）则多见于树皮上。

二、地衣植物的三种基本生长型

地衣的生长型是地衣分类的重要依据之一。在实习中应学会辨别地衣的三种基本生长型。

1. 壳状地衣（Crustose）

地衣体呈粉状、颗粒状或小鳞片状物；无皮层或仅具上皮层，一般以髓层的菌丝牢固地紧贴于基物上，很难采下。该类地衣的种类很多，常见的茶渍属、网衣属（*Lecidea*）、文字衣属等。

2. 叶状地衣（Foliose）

地衣体水平扩展，呈叶片状；多具皮层，有的无下皮层；腹面从下皮层伸出的许多菌丝索所形成的假根或近中央的脐固着于基物上，易于采下。最常见者如梅衣属、蜈蚣属、石黄衣属、地卷属、皮果衣属和石耳属等。

3. 枝状地衣（Fruticose）

地衣体树枝状、发状、带状、指状或灌木状，直立或悬垂；中实或中空；仅基部附着于基物上，易于采下。最常见的有石蕊属（*Cladonia*），在鳞片状体上又长出空心的棒状或树枝状的果柄；松萝属属，为直立或悬垂的多分枝的圆柱形或发丝状体，通常具软骨质状的中轴；树花属、地茶属（*Thamnolia*），为空心的牛角状的地衣体等等。

由于地衣体的上皮层内通常含有大量的橙色色素、黄色色素，因而各型地衣体常呈现各种颜色，这一特征也鉴别一些种属的依据之一。例如，皮果衣（*D. Miniatum*）上表面灰色或铅灰色，下表面浅褐色至暗褐色；石黄衣属的上表面金黄色，生长在阴暗处时则为浅绿黄色；地茶属灰色至灰白色；树花属两面都为浅绿色或带绿的浅灰色；蜈蚣衣属中的一些种为白色或灰白色等。

4. 地衣标本的采集和保存

（1）采集用具：采集刀（大号的电工刀即可），枝剪，锤子和钻子，钢卷尺，包装纸（旧报纸或旧信封），小纸盒，放大镜，变色铅笔（遇水不褪色，反而更清晰），采集记录本（有采集号、采集地点、日期、生境、海拔、采集人、名称等），标签，标本夹，采集袋和背包、水壶等。

（2）采集方法：地衣采集全年均可进行，除有些通常不产生子实体的种类外，一般全年均能采到子实体和子囊孢子。采集时应依据不同生境和不同基物上生长的种类，采取不同的采集方法：

①石生壳状地衣需用锤子和钻子敲下石块，注意沿岩石的纹理选择适当角度敲下石块，尽量敲下带有较完整地衣形态的石片。

②土生壳状地衣，应用刀连同一部分土壤铲起，并放入小纸盒中以免散碎。

③树皮上的壳状地衣可用刀连同树皮一起割下，有些可以剪折一段树枝以保持标本的完整性。

④在藓类或草丛中生长的叶状地衣可用手或刀连同苔藓或杂草一同采起。

⑤枝状地衣可用刀连同一部分基物（如树皮、树枝等）采下。

⑥石生或附生树皮上的叶状地衣，最好不要直接用手去摘，要用刀剥，以保存标本的完整。

⑦有些地衣在晴天干燥时易失水变脆，很易破碎，可用随身带的水壶将地衣体喷湿变软时再采。

（3）采集地衣标本时应注意的事项：

①先观察并测量其尺寸大小，作好记录编号。并将标签编上相同的号码包于纸袋中。

②根据标本质地和特点的不同，分别包装。如易碎和土生壳状地衣可装入纸盒；叶状地衣应视体积大小选用适当的纸袋，不要将地衣体折叠以免破碎，也可趁其湿润时放入标本夹中压制；枝状地衣一般装入纸袋中即可。

③如需制片可用 FAA（50% 或 70% 酒精配制）固定。切片以 10 μm 为宜，可用番红和固绿染色。

（4）标本的整理和保存：

① 标本的整理。标本采回后要打开纸包，通风晾干，如包装纸袋已湿，可另换一个。注意不要搞乱标签。标本风干后可包好装入塑料袋或箱中以便运回。叶状、枝状地衣可用水濡湿，除去泥土，按原来形态夹于标本夹中，其间换纸 3~5 次，2~3 天后标本可干。然后分别装入牛皮纸袋中保存或贴于台纸上。

②标本的保存。把压干的标本用衬有硬纸片的牛皮纸袋包装起来，也可将标本用胶水粘贴到硬纸片上。但应注意有正反面，以观察各部特征。也可连同基物（如树皮）粘附到硬卡纸上，再包入牛皮纸袋中。

由于地衣体大小不等，纸袋可分成三个规格（纸袋的折叠方法可参考苔藓植物一章）。

大号：26 cm×18 cm。中号：18 cm×13 cm。小号：14 cm×10 cm。

凡是对某种地衣进行研究的各种材料均应装入袋中。对于过厚的石块标本或松散的土壤标本，宜用硬纸盒保存。不可用酒精或液体杀菌剂处理标本，以免改变标本的颜色和化学性质，从而影响鉴定。

所有的地衣标本均可按系统入柜保存在干燥通风处。

三、秦岭常见地衣属检索表

1. 地衣体中的真菌为子囊菌（此类地衣占地衣总数的99%）（子囊衣纲）.. 2

1. 共生真菌为担子菌，产生担子果（担子衣亚纲）。地衣体为革菌类和伪枝藻共生而成。外观呈半圆形，表面深蓝绿色，绒布状，地衣体周边腹面的一部分为子实层，每个担子上具4个担孢子 ..... 16. 云片衣属 *Dictyonema*

2. 地衣体中的子囊菌为盘菌类，所产生的子囊果为子囊盘（裸果衣亚纲）.. 3

2. 地衣体中的子囊菌为核菌类，子囊果为子囊壳（核果衣亚纲）........ 14

3. 地衣体壳状，菌丝与基物紧密连接，很难从基物上采下................ 4

3. 地衣体叶状或枝状，易从基物上剥离 7

4. 子囊盘线形，单一或分枝，多个子囊盘在地衣体上形成似古文字，子囊孢子为多细胞，具横隔。多生树皮上，罕见石面上.....1.文字衣属 *Graphis*

4. 手囊盘盘状，手囊孢子单胞或双胞子................................ 5

5. 子囊盘为茶渍型（即有果托）.. 6

5. 子囊盘为网衣型，子囊孢子为单胞型，每个子囊内有8枚孢子..........

　　　　……………………………………………………… 4. 网衣属 *Lecidea*

6. 地衣体壳状，连续，颗粒状或龟裂状，子囊孢子为单胞型。生树皮、石头或墙壁上 ………………………………… 2. 茶渍属 *Lecanora*

6. 地衣体多为橙黄色、黄色，手囊孢子为对极式（哑铃型），双胞．生石上、树皮以及土上…………………… 3. 橙衣属 *Caloplace*

7. 地衣体叶状……………………………………………………………… 8

7. 地衣体枝状………………………………………………………… 12

8. 地衣体下表面无皮层，子囊盘着生于叶状裂片上端．子囊孢子纺锤形至长针状，4~8 个细胞。地上生………………… 5. 地卷属 *Peltiga*

8. 地衣体具下皮层……………………………………………………… 9

9. 地衣体下表面以中央脐固着于基质上，子囊盘网衣型，多涡卷。子囊孢子无色，单胞型。生于林中悬崖峭壁的岩石上…. 6. 石耳属 *Umbilicaria*

9. 地衣体下表面无脐……………………………………………… 10

10. 地衣体上表面橙黄色，子囊孢子为对极型，生于树上和石上…………
　　　　…………………………………………………… 7. 石黄衣属 *Xanthoria*

10. 地衣体上表面不呈橙黄色，子囊盘茶渍型………………………… 11

11. 地衣体椭圆形，上表面灰白、灰绿以至褐绿色，反复分裂，裂片多狭细，呈莲座丛。子囊盘多为褐色至暗黑色，子囊孢子为双胞型，暗色….
　　　　…………………………………………………… 8. 蜈蚣衣 *Physcia*

11. 地衣体灰绿，灰黄至褐色，但无狭细胞的裂片。子囊盘散生，子囊内产 8 枚子囊孢子，单孢型，无色。………………… 9. 梅衣属 *Parmelia*

12. 地衣体由初生体及次生体两部分组成，子囊盘网衣型。初生地衣体壳状或鳞片状，由其产生的次生枝状体（果柄）柱状、中空，分枝或不分枝，或呈杯状。子囊孢子单胞型………………… 10. 石蕊属 *Cladonia*

12. 地衣体无初生次生体之分，地衣体由平卧至直立的圆柱形或扁枝形实枝状体或蠕虫状空心的白色管状枝体构成。有的种长期保存变成肤红色。常聚集成丛。可药用…. 15. 地茶属 *Thamnolia*（地茶 *T.vermicularis*）

12. 地衣体无初生次生体之分，多分枝，枝圆柱形或扁枝状等。直立或悬垂，非中空…………………………………………… 13

13. 地衣体灌木状或近似丝状，多分枝，直立或悬垂，枝内具软骨质中轴。子囊盘为单胞型…………………………………… 11. 松箩属 *Usnea*

13. 地衣体具机械组织，多为扁枝状、灌丛枝状，枝状体有时为圆筒形，少数为扇形小叶状。子囊孢子为双单胞型……………… 12. 树花属 *Ramalina*

14. 地衣体壳状，侧丝常胶质化或早期消失。子囊壳具顶孔，子囊孢子为单胞型…………………………………………… 13. 瓶口衣属 *Verrucaria*

14. 地衣体多为单叶状，直径 3~7 cm，边缘浅波状或撕裂状，微翘起。上表面微凹，灰色或铅灰色，被浅灰色白霜。下表面具中央脐。子囊壳深埋，仅露黑色点状孔口。子囊孢子单胞型。生于河岸溪沟旁石上……………………………………………… 14. 皮果衣属 *Dermatocarpon*

四、秦岭常见药用地衣

1. 老龙皮（肺衣） *Lobaria pulmonaria*（**L.**）**Hoffm.var.** *meridionalis* **Zahlbr.**

植物体大形，叶状，凹凸不平为网状，边缘分裂，裂片为鹿角状。表面湿润时鲜绿色，干燥时黄褐色或褐色，下面白色，凹陷内密生黄褐色或黑褐色茸毛。

2. 石蕊 *Cladonia rangiferina*（**L.**）**Web.**

植物体二型，初生地衣体壳状至鳞片状，次生地衣体圆柱状，中空，灰白色，表面粗糙，有破孔。枝顶端具倾向一侧的放射状小枝，全体干脆硬。生于干燥山地。

3. 亚洲树发 *Alectoria asiatica* **Dr.**

植物体丝状，黄褐色或淡棕黑色，长达 20 cm，基部着生于树干上，悬垂向下，小枝上着生多数小刺状枝，刺状枝细而短，悬垂于树枝上。

4. 金丝带（金腰带） *Alectoria virens* **Tayl.**

植物体丝状，淡黄色或黄褐色，长达 25 cm，枝呈粗线状。潮湿时先端刺状小枝与主轴成三角形，主轴常纵裂，可见髓部。悬垂于树枝上。

5. 长松萝 *Usnea longissima*（**L.**）**Ach.**

植物体长 20~40 cm，最长可达 100 cm。为羽状分枝的丝状体，无横裂。密生细小而短的侧枝，长约 1 cm，全体灰绿色；外皮部质疏松，中心坚密。多附生于针叶树枝上。

6. 雪茶（太白茶） *Thamnolia vermicularia*（**SW.**）**Ach.ex Schaer.**

地衣体树枝状，白色，略带灰色。高 3～7 cm。二至三叉或单枝上具小刺状分叉，长圆条形或扁带形，粗 1～2 mm，渐尖，体表有皱纹凹点，中空。生于高寒山地藓类群丛中。

第 5 章　苔藓植物

　　苔藓植物是基部有胚植物（包括苔藓植物和维管束植物），被认为是植物从水生向陆生演化的一个关键类群，起源于 4.8 亿年前的奥陶纪。但是苔藓植物并未成为植物界发展的主线，而仅是一个发育旁枝。苔藓植物体型较小，大者不超过几十厘米，通常见到的苔藓植物的营养体是它们的配子体，它们的孢子体不能独立生活，寄生或半寄生在配子体上。苔藓植物与其它有胚植物（陆生植物）相比，最重要的区别是没有维管系统的分化，所以苔藓植物也没有根、茎、叶的分化。通过实习，掌握苔藓植物的形态特征和鉴别苔藓植物的基本方法，并结合观察其生态分布和生活习性等特点，正确理解它们在植物界中的地位。

一、苔藓植物的生境

　　苔藓植物是极普通、极常见的植物，一般生长于阴湿的地方，从热带到寒带、从平地到高山都有分布，湖泊沼泽地区则更多。一般情况下，水湿场所、山林境界，多云雾的地带，房屋、岩石、树木、土坡的阴面等地方苔藓植物多。但有少数种属却有极强的耐旱性，如黑藓属（*Andreaea*）、紫萼藓属（*Grimmia*）等。

　　森林是苔藓的家乡，有森林的地方就有苔藓植物。在林地上的苔藓，往往厚如绒毛，且是大片纯群落。根据林地环境条件不同分布有不同的苔藓，例如南方马尾松林下常有白发藓属（*Leucobryam*）的植物，而北方针叶林下常有塔藓（*Hylocomium*）、万年藓（*Climacium*）等；在森林树干上或悬垂树枝上有悬藓属（*Barbella*），树干基部有平藓（*Neckera*）和扁枝藓（*Homalia*）等。苔藓往往和地衣、蕨类混生在一起，彼此交错，采集时定要仔细。

石生苔藓也多种多样。在高山或寒冷地带的花岗岩石上往往有黑藓。在阴湿石壁上，尤其在流水石壁上种类更多。在峡谷或溪流两旁的石壁或岩石边或岩石上有很多耐阴的种类，如地钱属（*Marchantia*）、石地钱属（*Reboulia*）等；沟底或溪涧水流石上有水生的苔藓，往往大形纤长，随水飘扬，或平铺浅水石上。

水生苔藓，即在水湿或沼泽地的环境条件所生长的藓类。在静水中有飘浮的浮苔（*Ricciocarpus*），在山涧溪流中常见多数固着群落，且常是单一的藓类植物群落。沼生群落多为泥炭藓（*Sphagnum*）。

二、苔藓植物的分类概况

苔藓植物通常为一个门，即苔藓植物门（Bryophyta），分为藓纲（Bryopsida. Musei）、苔纲（Hepatieopsia. Hepatieae）和角苔纲（Anthoeerotopsida. Anthoeerotae）3 纲，约 23 000 种，中国约 2 100 种，秦岭约 311种。三纲的主要异同比较如下：

表 5-1　苔藓植物三纲的主要特征比较

	项目	苔纲	藓纲	角苔纲
配子体	形态	叶状体或茎叶体,叶排列成2或3列,有背腹之分,两侧对称	均为茎叶体,叶多螺旋排列,辐射对称	叶状体
	假根	单细胞	多细胞,单列,具有分枝	单细胞
	中肋	无	绝大多数叶具有中肋	无
	气孔	无	有	有
	细胞中的叶绿体数	多数	多数	少,1至数个
	蛋白核	无	无	有

续表

项目		苔纲	藓纲	角苔纲
原丝体		不发达,1个原丝体仅产生1个配子体	无	不发达,1个原丝体仅产生1个配子体
孢子体	组成	由孢蒴、蒴柄和基足组成	由孢蒴、蒴柄和基足组成	无蒴柄,仅具有孢蒴和基足
	蒴柄	蒴柄在孢蒴成熟之后伸长	蒴柄在孢蒴成熟之前伸长	无
	孢蒴开裂方式	多为纵裂	多为盖裂	自上而下二瓣开裂
	孢蒴中的中轴	无	多具有中轴	具有纤细中轴
	蒴盖	无	有	无
	蒴齿	无	有	无
	环带	无	有	无
	弹丝	有	无	具有假弹丝
形态图		图5-1 AB	图5-1 C	图5-1 D

图 5-1
苔藓植物的形态
A.叶状苔类
B.叶状体苔类
C.藓类
D.角苔类

三、苔藓植物的观察、采集和标本制作

1. 观察方法

（1）野外观察：首先要在自然界认真观察苔藓植物的生活习性和群落结构。再进一步观察配子体和孢子体的形态、生长方式、叶的排列和颜色、光泽等，大体判断其纲、科或属，并作好记录。

（2）室内观察：

①首先将标本整理和清洗干净，如泥土很多，可置培养皿的清水中用毛笔轻洗。

②若为叶状体苔类，需用解剖镜观察其气孔、气室、鳞片和生殖器官等。然后再做徒手切片，在显微镜下观察内部结构。

③对于茎叶体植物首先也要在解剖镜下分辨出苔类和藓类。然后再将一段植物体置于载玻片上，加一滴清水，在解剖镜下刮其叶片。其方法是左手持镊子，夹住植物体枝端，右手持解剖针，从枝端向基部的方向轻刮。尽量使刮下的叶片完整。最后加盖玻片于显微镜下观察叶形和细胞结构。

④藓类叶细胞的疣和乳头，最好从其叶缘或折叠的边缘处观察。在样品上加一滴 10％ 的乳酸溶液会更清楚。

⑤对于孢子体，除外形上观察外，应在解剖镜下解剖，并在显微镜下观察其内部结构及蒴齿。

2. 苔藓植物的采集

采集苔藓植物时要注意它们的生态分布和生活型，以及生长季节和生活史的发育各期。

（1）水生苔藓的采集：生在水中石面或沼泽中的苔藓植物，可用镊子或夹子采取，也可用手直接采集，如水藓、柳叶藓、泥炭藓等。采集后可将标本装入瓶中，也可将水甩去或晾一会，装入采集袋中。对于漂浮水面的植物如浮苔、叉钱苔，则可用纱布或尼龙纱制作的小抄网捞取，然后将标本装入瓶中。

（2）石生和树生苔藓植物的采集：固着生长在石面的苔藓可用采集刀刮取，如泽藓、黑藓、紫萼藓等。对于生长在树皮上的苔藓，可用采集刀连同一部分树皮剥下。生于小树枝或树叶上的苔藓，则可采集一段条连同叶片一起装入采集袋中。如北方森林中的扁枝藓、木衣藓、白齿辞、平藓和许多苔类等。一般说来，树生的种类主要分布在热带雨林和季雨林地区。我国的南方较多，大、小安岭一带也较多，而华北地区则很少。

（3）土生藓类的采集：各种土壤上生长的苔藓植物种类最多，如角苔科、地钱科、丛藓科、葫芦藓科、金发藓等全为土生。对于这类植物，在松软土上生长者，可直接用手采集；稍硬的土壤上生长的种类，则要用采集刀连同一层土铲起，然后小心去掉泥土，再将标本装入采集袋中。另外，墙缝、石缝中生活的苔藓植物，如小墙藓，多生于石灰墙缝中，亦可用刀采集。采集标本的基本原则是尽量保持植物完整性，还要尽量采集到配子体和寄生其上的孢子体，这对鉴定具有重要的意义。

对于所采集的标本，必须详细记录其生境、生活型、颜色、植物群落信息。若是树生种类，则要记录树木的名称等，并在纸袋上编号（切记与记录本的编号一致），用曲别针或大头针别好袋口，装入塑料袋中带回。

3. 标本制作和保存

苔藓植物标本的制作和保存较简单，一般可用下列几种方法：

（1）晾干入袋保存：苔藓植物个体较小，易干燥，一般不易发霉腐烂，颜色也能保持较久。最常用的方法是先将标本放在通风处晾干，尽量去掉所带泥土，然后将标本装入牛皮纸折叠的纸袋中，就可入柜长期保存。注意在标签上填好名称、产地、生境、采集时间、采集人等。名称未鉴定出来可先空着，其他各项则需及时填好，统一编号，但要注明采集号，以便查对。这种方法保存的标本占地少，简便，观察时也很方便。只要在观察前将标本浸泡入清水中几分钟至几十分钟，标本就可恢复原形原色。

（2）液浸标本的制作：有些苔类和藓类标本，如地钱、浮苔、叉钱苔、角苔、泥炭藓等，亦可用固定保存液保存。其方法是先将标本上的泥土冲洗干净，然后装入磨口标本瓶中，加入5%的福尔马林水溶液即可。这个方法的缺点是时间长了易褪色。也可进行保绿处理，即先用饱和的硫酸铜水溶液，把标本浸泡一昼夜，取出，用清水冲洗，然后再保存在5%的福尔马林水溶液中。

（3）压制蜡叶标本：对于水生种类或附生在树叶上的种类，可用标本夹压制蜡叶标本。其方法和制作高等植物标本相同，但要在标本上盖一层纱布，以防止有些苔类植物粘在纸上。苔藓植物都可制作蜡叶标本，但由于较麻烦，一般用得较少。在制作陈列标本时，此法较好，比较美观。

四、秦岭常见药用苔藓植物

1. 地钱 *Marchantia polymorpha* L.

植物体扁平叶状，先端叉裂，表面绿色，气孔明显，下面带褐色，生有假根，边缘微波状。雌雄异株。生于岩石阴湿地或沟边（图 5-2）。

2. 蛇苔 *Conocephalum conicum* (L.) Dumort.

植物体与地钱相似，稍大，主要区别在于，无胞芽杯，气孔单一型，非烟囱式，雄器托无柄，扁圆形，紫色。生于山坡阴湿地。

3. 石地钱 *Reboulia hemisphaerica* (L.) Raddi.

植物体与前二者相似，但体型最小，气孔单一型，无胞芽杯，无雄器托，精子器生于芽状枝上。生于较干燥的石壁、土坡和岩隙。

4. 大叶藓 *Rhodobryum roseum* (Hedw.) Limpr.

植物体红褐色。根茎横走，直立茎高 2~3.5 cm。茎下部的叶较小，膜质，呈鳞片状贴生，茎顶部的叶较大，多数丛集成菊花状。生于潮湿林地，沟边阴湿土坡。

5. 银叶真藓 *Bryum argententeum* Hedw.

植物体小形，干燥时为蓝银白色或灰绿色，湿润时呈绿色，密集丛生成垫状。叶紧密覆瓦状排列，阔卵形。中肋明显，突出叶尖成细毛状尖。生土墙、石缝、房顶等处。

6. 葫芦藓 *Funaria hygrometrica* Hedw.

茎通常单一，高 6~10 cm。叶密生于茎顶，干燥时集合成花蕾状，叶卵状椭圆形，锐尖，全缘或上部有细锯齿，柄黄色，干燥时卷曲。孢蒴为

图 5-2
地钱 *Marchantia polymorpha*
A.雄株（雄配子体）
B.雌株（雌配子体）

不对称梨形，倾斜或下垂。生村边、山地或林下（图 5-3）。

7. 尖叶走灯藓 *Plagiomnium cuspidatum* （Hedw.) Kop.

植物体绿色或黄绿色，交织成片生长，高 4~6 cm。茎匍匐或倾立，分枝直立。叶稀疏排列，倒卵形至长菱形，渐尖，具分化的边缘，叶中肋单一达顶端。生林下阴湿处或林缘草地。

图 5-3
葫芦藓 *Funaria hygrometrica*
A.具孢子体的植株
B.雄枝
C.叶

8. 尖叶小羽藓 *Haploclad capillatum*（Mitt.）Broth.

植物体小形，绿色或黄绿色，疏松交织成片生长。茎长 3~5 cm，不规则 1~2 回羽状分枝；茎上生许多不同形状的鳞片。茎叶阔卵状披针形，具狭长尖端，叶基部具 2 折皱，中肋明显，至叶尖消失。生于阴石上、泥土上或墙脚处。

9. 万年藓 *Climacium dendrioides*（Hedw.）Web.et Mohr.

植物体粗大，树形，青绿或黄绿色，略具光泽，成片散生。地下茎贴地匍匐伸展，密被红棕色假根；地上茎直立，下部被鳞叶，顶端不规则树

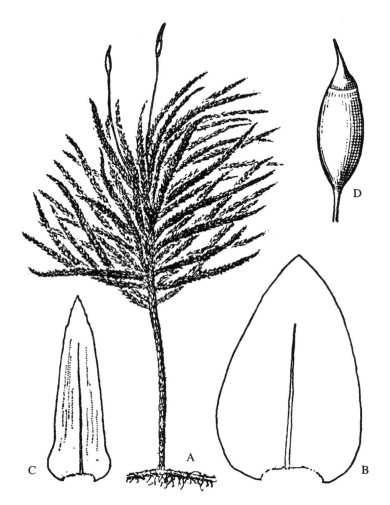

图 5-4
万年藓 *Climacium dendrioides*
A.具孢蒴的植株
B.茎叶
C.枝叶
D.孢蒴

形分枝。生于林下潮湿地或沼泽地上。各地常见种（图 5-4）。

10. 大金发藓 *Polytrichum commune* Hedw.

　　植物体深绿色，老时呈黄绿褐色，粗壮，高 10~30 cm，常成大片群落。茎直立，单一，常扭曲；叶丛生于上部，向下渐稀疏而小，基叶呈鳞片状。叶片基部呈鞘状，上部长披针形，干时叶尖卷曲，腹面有多数栉片。生于山野阴湿土坡，森林沼泽酸性土壤上（图 5-5）。

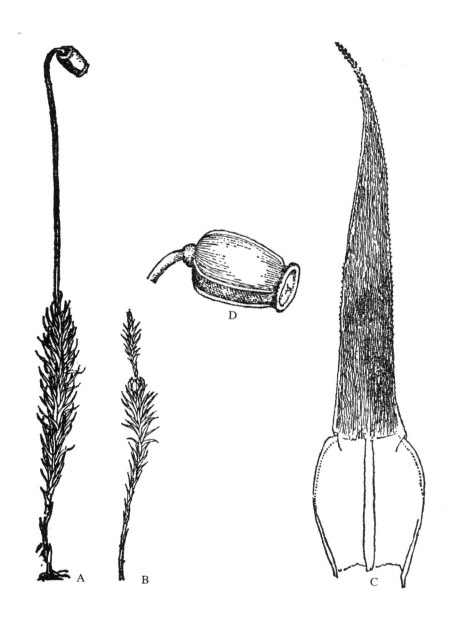

图 5-5

大金发藓 *Polytrichum commune*

A.具孢蒴的雌株

B.雄株

C.叶

D.孢蒴

第6章　蕨类植物

蕨类植物

蕨类植物（Ferns）是陆生植物中最早分化出维管系统的植物类群，因其仍用孢子繁殖，也称无种子维管植物（Seedless Vascular Plants），包括石松类植物（Lycophytes）和蕨类植物（Monilophytes，包括木贼类）两个类群，后者与种子植物共同称为真叶植物（Euphyllophytes）（图6-1）。蕨类植物的孢子体和配子体都能独立生活，孢子体具根、茎、叶的分化，内有维管组织，但它们仍不产生种子。因此，从进化水平看，蕨类植物是介于苔藓植物和种子植物之间的一个大类群。通过实习主要掌握蕨类植物形态特征和鉴别蕨类植物的基本方法。

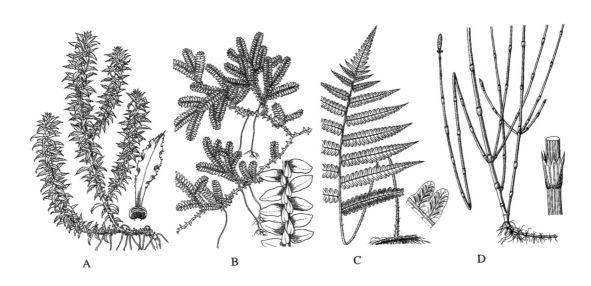

图6-1
无种子维管植物（蕨类植物）
A,B.石松类植物（A.石松属,B.卷柏属）　C.双盖蕨属　D.木贼属蕨类植物分布广泛，除了海洋和沙漠外，平原、森林、草地、岩缝、溪沟、沼泽、高山和水域中都有它们的踪迹，尤以热带和亚热带地区为其分布中心。但由于它们的维管组织分化程度还不高，受精过程离不开水，对陆地环境的适应还不完善。蕨类植物大多生活在沟谷和阴湿环境，如岩石缝中、泥土上、森林地面、树干上以及悬岩的阴面及泥土上。还有一部分为水生，生长在稻田、水池、流水沟内。石松类多生于岩石缝中，木贼类多生于地下水位较高的或泉水渗出的地方；真蕨门的植物则在阴湿地方，尤其森林下广泛分布。

一、蕨类植物的观察方法

蕨类植物的观察方法与种子植物类似，但由于蕨类植物有其自身的特点，所以应尽可能根据其基本分类特征分析比较。首先将其归属到纲，再到科，最后再鉴定到种。

观察蕨类植物时，首先观察其生境和外形。辨明为单叶还是复叶；质地和叶柄的色泽；是远生、近生，还是簇生。由于蕨类植物大多为地下茎，所以要用小镐将地下根状茎较完整地挖出来，辨明叶柄着生的方式。注意观察孢子囊着生的位置；囊群盖的有无和形状；还要特别注重茎叶表面的附属物——毛和鳞片的有无及类型。大部分特征可用放大镜在现场观察。但有些特征，如孢子囊的结构、环带类型、鳞片和筛孔等，需带回用解剖镜和显微镜观察。有些特征，如叶柄、叶轴中的维管系统，除了较粗者可用针或手剥离外，还应做徒手切片，在显微镜下观察。

二、蕨类植物的采集和标本制作

1.　采集方法

蕨类植物标本采集方法和种子植物类似，但需注意如下几点：

（1）采集蕨类植物应多在阴坡、山沟及溪旁。它们主要生活在阴湿处，但也要注意少数旱生型蕨类植物。

（2）采集时，不要盲目乱采，应首先观察记录其生态型和生活环境，这对识别和鉴定种类是必要的。

（3）标本需要采集完整。由于地下根状茎是蕨类植物分类的重要依据，故应用小镐或掘根器挖出全株。根状茎长而大的种类，可挖出一段，切忌仅揪一片叶。特别要注意叶二型的种类，应采集营养叶和孢子叶。

（4）植物挖出后，应立即拴上标签，编上号，并和记录本上的编号相一致。然后装入塑料袋中，以防叶子萎缩。还应注意将一些柔弱的蕨类植物单独装入大小适合的塑料袋中，以免挤坏和丢失。标本在塑料袋中可保存2~3小时不萎缩，但不可放置太长时间，应及时放入标本夹中压平，吸干水分。

2. 标本的制作

蕨类植物和种子植物的标本制作方法相同，主要是用标本夹压制蜡叶标本（见种子植物标本压制法）。但有两点注意事项：

（1）压制叶片应有上面（近轴面）和下面（远轴面），以便上台纸后可同时看到两面的附属物、囊群及囊群盖等重要的分类特征。

（2）大型标本不能全株压制，可将长的根状茎剪取一段，将大叶片剪成小片，注意记同一号码，并编上顺序，以便以后鉴定时复原观察。

为了防止标本发霉和防虫，可用15％的福尔马林水溶液处理，标本存入标本柜中时还应放些樟脑球和干燥剂。一些小型的水生蕨类，也可用5％~10％的福尔马林水溶液保存。最后，标本一定要及时贴上标签，按系统入柜保存。

三、秦岭蕨类植物分科检索表

1. 叶退化或细小，远不如茎发达，鳞片形、钻形或披针形，不分裂。孢子
　　囊生于枝顶的孢子叶球内（小型叶蕨类）......................... 2
1. 叶远较茎发达，单叶或复叶，孢子囊生于正常叶的下面或边缘，或特化

叶的下面或边缘，聚生成圆形、长形或线形的孢子囊群，或孢子囊穗，或满布于叶的下面（大型叶蕨类，蕨纲 Filicopsida）........................ 5

2. 茎细长圆柱形，直立，无真正的叶，单茎或具有轮生枝，中空，有明显的节，节间表面有纵行的沟脊，各节基部被轮生管状而有锯齿的鞘包围着，孢子囊多数，着生于盾状鳞片形的孢子叶下面，在枝顶上形成单独椭圆形的孢子叶球（木贼纲 Sphenopsida 木贼目 Equisetales）.............
.... 4. 木贼科 Equisetaceae

2. 植物体形完全不同上述。孢子囊腋生孢子叶的基部上面................ 3

3. 枝三角形，多次同位二叉分枝。叶退化为二叉小钻形，无叶绿素，孢子囊近球圆形，三室（松叶蕨纲 Psilotopsida 松叶蕨目 Psilotales）.............
.... 1. 松叶蕨科 Psilotaceae

3. 枝圆形，一至多次等位或不等位二叉分枝。叶小，鳞片形、钻形、线形至披针形，有叶绿素，孢子囊扁肾形，一室（石松纲 Lycopsida）.................... 4

4. 茎辐射对称，无根托（支撑根）。叶同型，少有二型，钻形或披针形，螺旋状排列，或少为鳞片形，交互对生，扁平，腹叶基部不具叶舌。孢子囊同型..2.石松科 Lycopodiaceae

4. 茎常有腹背之分，往往有根托。叶通常鳞片形，二型，两列生（即四行排列），扁平，或少为钻形，同型，罕为螺旋状排列。腹叶基部有一小舌状体（叶舌），孢子囊二型（卷柏目 Selaginellales）........................
.... 3. 卷柏科 Selaginellaceae

5. 孢子囊壁厚，由多层细胞组成（厚囊族亚纲 Eusporangiatidae 瓶尔小草目 Ophioglossale.. 6

5. 孢子囊壁薄，由一层细胞组成（薄囊蕨亚纲 Leptosporangiatida）....... 7

6. 单叶，叶脉网状。孢子囊序为单穗状。孢子囊大，不为圆球形，陷入于囊托两侧...................... 5. 瓶尔小草科 OphiogJossaceae

6. 复叶，一至三回羽状或掌状分裂，叶脉分离。孢子囊序为圆锥状或复穗状，孢子囊小，圆球形，不陷入囊托内......... 6. 阴地蕨科 Botrychiaceae

7. 孢子同型。植物体形代表为通常的蕨类植物，陆生或附生，少为湿生或水生，一般为中形或大型植物（真蕨目 Eufilicales 或称同型孢子蕨类 Filiceshomosporae）.. 8

7. 孢子异型。植物体形完全不同上述，水生或漂浮水面的小型植物（异型孢子蕨类 Filicesheterosporae）... 33

8. 孢子囊圆球形，环带极不发育，只有几个厚壁细胞生于顶端附近，并自顶端向下纵裂。植物体不具真正的毛和鳞片，仅幼时有黏质腺体状绒毛，不久就消失.. 7. 紫萁科 Osmundaceae

8. 孢子囊为多种形状，环带发育完全。植物体通常有鳞片（特别在叶柄基部或根状茎上）或真正的毛（特别在叶片两面或羽轴或叶脉上）........ 9

9. 环带顶生或水平横生 10

9. 环带斜生或垂直.. 11

10. 植物体缠绕攀缘。环带仅生于孢子囊顶端 .... 8. 海金沙科 Lygodiaceae

10. 植物体直立或多少匍匐。环带横绕孢子囊中部... .... 9. 里白科 Gleicheniaceae

11. 通常为小形附生植物，叶片膜质，大都由一层细胞构成，环带斜生或略横生 .... 10. 膜蕨科 Hymenophyllaceae

11. 陆生植物，叶草质、纸质或革质，由多层细胞构成。环带垂直........ 12

12. 孢子囊或囊群为反折而变质的叶边（假囊群盖）所掩护.............. 13

12. 孢子囊群不被反折而变质的叶边所掩护.................................... 15

13. 孢子囊群生于反折而变质的叶边（假囊群盖）下面的小脉顶部。小羽片为对开形或扇形，叶脉二叉分歧............ 16. 铁线蕨科 Adiantaceae

13. 孢子囊群生于叶边，而反折的膜质囊群盖不具叶脉。小羽片不为对开形或扇形，叶脉羽状分枝.. 14

14. 孢子囊着生于叶缘的一条联结脉上，汇合成线形孢子囊群。叶柄通常为禾秆色.. 14. 凤尾蕨科 Pteridaceae

14. 孢子囊着生于近叶缘的诸小脉顶端，成圆形而分离的孢子囊群，但成熟时彼此接连，如汇合囊群。叶柄通常为粟褐色或黑色.................... .... 15. 中国蕨科 Sinopteridaceae

15. 孢子囊群沿叶边或近叶边的背面着生，囊群盖向叶边方向开张........ 16

15. 孢子囊群着生于叶的整个背面或远离叶边着生，囊群盖既不向外开，也不向内开.. 18

16. 孢子囊群为叶缘生的汇生囊群，通常生于二至多条细脉的结合线上....
　　…………………………………………………… 12. 鳞始蕨科 Lindsaeaceae

16. 孢子囊群圆肾形，单独着生于一条小脉的顶端，囊群盖为半杯形、半
　　管形或以基部着生的肾形或圆肾形 …………………………………… 17

17. 植物体被淡灰色或棕色的节状毛。囊群盖杯形，沿叶缘着生…………
　　………………………………………………… 11. 碗蕨科 Dennstaedtiaceae

17. 植物体被阔鳞片。囊群盖管形，或仅以某部在叶边内着生的肾形或圆
　　肾形……………………………………………… 13. 骨碎补科 Davalliaceae

18. 叶为二型，能育叶的羽片向中肋反卷成筒状或分离为圆球形 …………
　　………………………………………………… 22. 球子蕨科 Onoc1eaceae

18. 叶为一型或二型，如为二型，则能育叶仅为不同程度的变狭窄，羽片
　　从不反卷成筒 ………………………………………………………… 19

19. 孢子囊聚生，形成圆形或点状的囊群…………………………………… 20

19. 孢子囊形成长形或线形囊群 …………………………………………… 25

20. 孢子囊群有囊群盖（少有不具盖）……………………………………… 21

20. 孢子囊群不具囊群盖 …………………………………………………… 23

21. 植物体多少被毛，通常为单细胞的淡灰色针状毛，叶柄基部的鳞片上
　　往往有同样的毛。囊群盖为圆肾形（有时不具盖）……………………
　　…………………………………………… 20. 金星蕨科 Thelypteridaceae

21. 植物体被阔鳞片（少有和上述不同的毛混生），叶柄基部的鳞片上无毛
　　……………………………………………………………………………… 22

22. 叶柄上通常有关节。囊群盖下位，圆球形、碟形或杯形，少有不发育
　　的…………………………………………………… 23. 岩蕨科 Woodsiaceae

22. 叶柄上无关节。囊群盖上位，为圆肾形或圆盾形…………………………
　　………………………………………………… 24. 鳞毛蕨科 Dryoptericeae

23. 植物体多少被单细胞针状毛，叶脉分离 .. 20. 金星蕨科 Thelypteridaceae

23. 植物体多少被鳞片，叶脉分离或呈网状…………………………………… 24

24. 叶柄基部以关节着生于根状茎上，叶柄基部有多条维管束本 …………
　　………………………………………………… 25. 水龙骨科 Polypodiaceae

24. 叶柄基部无关节，叶柄基部有两条扁阔维管束…………………………
　　………………………………………………… 18. 蹄盖蕨科 Athyriaceae

25. 孢子囊群有盖，盖长形、线形或上端多少弯曲，或呈马蹄形......... 26

25. 孢子囊群无盖 28

26. 囊群盖和主脉或羽轴平行，并开向主脉或羽轴。叶柄基部有小圆形的维管束多条，形成一个圆圈 .... 21. 乌毛蕨科 Blechenaceae

26. 囊群盖和主脉斜交，并斜开向主脉（有时向下开）。叶柄基部有扁阔的维管束两条，相对排列 27

27. 叶柄内的两条维管束向叶轴上部不融合，囊群盖仅沿小脉一侧着生.....
    .... 19. 铁角蕨科 Aspleniaceae

27. 叶柄内的两条维管束向叶轴上部融合成 V 字形，囊群盖沿小脉一侧或两侧着生，马蹄形或上端常弯曲成钩形并跨过小脉（少有不具盖）......
    .... 18. 蹄盖蕨科 Athyriaceae

28. 孢子囊群着生于叶边与主脉之间，在主脉两侧各成一汇合囊群并与其平行 .... 25. 水龙骨科 Polypodiaceae（Saxiglossum）

28. 孢子囊群不与主脉平行，而成斜交，在主脉两侧多行，彼此平行 ....
    29

29. 叶柄基部以关节着生于根状茎上。孢子囊群不下陷于叶肉内............
    .... 25. 水龙骨科 Polypodiaceae

29. 叶柄基部不以关节着生于根状茎上 30

30. 单叶，近肉质。孢子囊群稍下陷，斜跨网脉..................................
    .... 26. 剑蕨科 Loxogrammaceae

30. 一至二回网复叶，草质。孢子囊群不下陷于叶肉内，沿小脉着生.......
    31

31. 植物遍体有淡灰色针状毛，无鳞片，如有少数鳞片，则其上也有同样的毛..................... 20. 金星蕨科 Thylypteridaceae（Leptogramma）

31. 植物体被有鳞片 32

32. 孢子囊有短柄，疏生小脉上，成线形囊群；孢子四面型或球状四面型...
    .... 17. 裸子蕨科 Gymnogrammaceae

32. 孢子囊有长柄，密生于小脉中段，成长形囊群，孢子两面型............
    .... 18. 蹄盖蕨科 Athyriaceae（Cornopteris）

33. 浅水生或湿生植物。叶片成田字形，着生在长柄顶端，孢子果（荚）生于叶柄基部（苹目 Marsileales）................. 27. 苹科 Marsileaceae

33. 水面漂浮植物，叶形不同上述，无柄。孢子果（荚）生于变形的叶上（槐叶苹目 Sal viniales）... 34

34. 植物体无真根，三叶轮生于细长的茎上，上面二叶为长圆形，漂浮水面，下面一叶特化组裂成须根状，悬垂水中，生孢子果.....................
.... 28. 槐叶苹科 Salviniaceae

34. 植物体有丝状真根，叶微小如鳞片，二列互生，每叶有上下二裂片，上裂片漂浮，下裂片没沉水中，生孢子果........ 29. 满江红科 Azollaceae

四、秦岭常见蕨类植物

1. 中华卷柏 *Selaginella sinensis*（**Desv.**）**Spr.**

植株细弱，长达 20 cm。主茎圆柱形，多回分枝，各回分枝处生有根托。叶二型，四列，侧叶长圆形或长卵形，背叶长卵形，稍小。孢子囊生于小枝端，四棱柱形。生于阳坡石缝中（图 6-1B）。

2. 问荆 *Equisetum arvense* **Linn.**

植株高 20～60 cm。根茎横走。地上茎直立，二型；营养茎在孢子茎枯萎后生出，叶退化，下部联合成鞘；轮生分枝，中实，有棱脊 3～4 条。孢子茎早春先发，常为紫褐色，肉质，不分枝。生溪边或阴谷中。

3. 木贼 *Hippochaete hiemale*（**L.**）**Borher.**

植株高 60～100 cm。地上茎单，中空，有纵棱脊 20～30 条；叶鞘基部和鞘齿成黑色两圈，孢子囊穗生于茎顶，长圆锥形，黄褐色。生于山林潮湿地，灌木林下及沟旁（图 6-1D）。

4. 心叶瓶尔小草 *Ophioglossum reticulatum* **Linn.**

植株高 15～30 cm。根状茎短细，直立，有少数粗长的肉质根。总叶柄淡绿色，营养叶片卵形或卵圆形，基部深心脏形；孢子囊穗从营养叶柄基部生出。生于密林下。

5. 蕨 *Pteridium aquilinum*（**L.**）**kuhn.var.** *latiusculum*（**Desv.**）**Underw.**

植株高 100 cm。根状茎长而横走，有黑褐色茸毛。叶远生，近革质；

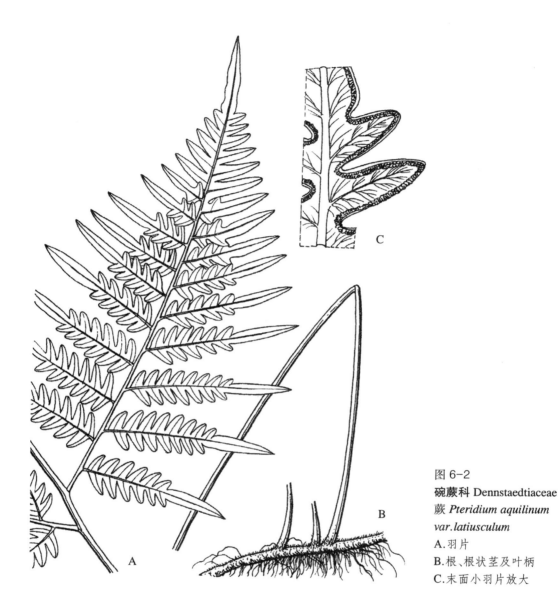

图 6-2
碗蕨科 Dennstaedtiaceae
蕨 *Pteridium aquilinum*
var.latiusculum
A.羽片
B.根、根状茎及叶柄
C.末面小羽片放大

三回羽状或四回羽裂，孢子囊群生小脉顶端的联结脉上，沿叶缘分布；有
变质的叶缘反折而成的假囊群盖。生林缘及荒坡（图 6-2）。

6. 凤尾蕨 *Pteris nervosa* Thunb.

植株高 50～90 cm。根状茎斜升，被褐色鳞片。叶近簇生，柄禾秆色，
上面有一深沟；叶片卵形，一回羽状；羽片对生，基部一对羽片为二叉。孢
子囊群线形，沿叶缘内的联结脉上着生，囊群盖灰色、膜质。不育的叶缘

有刺状锯齿。生石灰岩地区的石缝或灌木林下。

7. 白背铁线蕨 *Adiantum davidii* Franch.

植株高 20~30 cm。根状茎细长，横走，先端被鳞毛。叶远生，叶柄圆而细弱，具光泽；紫褐色，叶片三角状卵圆形，三回羽状复叶，末回小羽片扇形，圆尖，边缘为具芒锯齿状，其上具一枚孢子囊群，囊群盖棕色，圆肾形。生溪边湿石上。

8. 普通凤丫蕨 *Coniogramme intermedia* Hieron.

植株高 60~100 cm。根状茎短，横走，疏生披针形鳞片。叶大，叶片

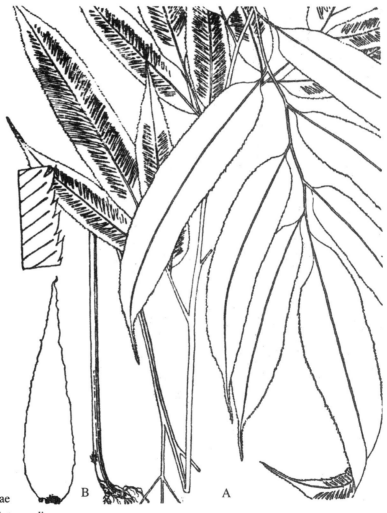

图 6-3
裸子蕨科 Gymnogrammaceae
普通凤丫蕨 *Coniogramme intermedia*
A.植株 **B.**小羽片

三角状卵圆形，二回羽状复叶，小羽片有柄，阔披针形，先端尾状长渐尖，基部近圆形，边缘有向前弯的细锯齿；侧脉在主脉两侧联合成网眼，末端分叉，顶端加厚，形成水囊，伸到锯齿内；孢子囊群长条形，沿侧脉分布，不达叶边，无盖。生于山沟阴湿处（图6-3）。

9. 中华蹄盖蕨 *Athyrium sillense* Rupr.

植株高35~45 cm。根状茎斜升，密被大鳞片。叶簇生；叶柄基部膨大，向下尖削，连同叶轴和羽轴有稀疏的小鳞片；叶片革质，矩圆形，三回羽裂；小羽片基部以狭翅相连，浅裂；裂片斜上，密接，顶端有几个矮齿，每齿有小脉一条。孢子囊群长形或短条形（少为弯钩形），生于裂片上侧小脉的下部；囊群盖圆形，边缘啮断状。生于林下（图6-4）。

10. 铁角蕨 *Asplenium trichomanes* Linn.

植株高10~35 cm。根状茎短，密被鳞片。叶簇生；叶柄褐色或黑褐色，有光泽；叶片常为线状披针形，一回羽状复叶，羽片疏生，斜卵形或扇状椭圆形，前缘有细齿；叶稍呈革质。孢子囊群线形，每个羽片上6~8枚，沿侧脉着生，与中脉略成斜交；囊群盖与孢子囊同形。生于山沟中岩石上或石壁上。

11. 中日金星蕨 *Parathelypteris nipponica*（Franch.et Sav.）Ching.

植株高40~70 cm。根状茎细长，横走。叶近生，叶片倒披针形，渐尖头并羽裂，下部逐渐变狭，二回深羽裂；叶草质，两面具毛，下面具橙色腺体。孢子囊群圆形，背生小脉上部，靠近叶边；囊群盖棕色，质薄。生低山疏林下或高山林缘。秦岭最常见的林下种。

12. 延羽卵果蕨 *Phegopteris decursive—pinnata* Fee.

植株高30~60 cm。根状茎短而直立，生有长缘毛的卵形鳞片。叶簇生，两面沿叶脉有疏针状毛和分枝毛；叶片披针形，顶部渐尖并羽裂，下部渐变狭，一回羽状或二回羽裂。羽片互生，基部以耳状或钝三角状的翅彼此相连。孢子囊群近圆形或矩圆形，无盖。生于山坡林地或溪边阴湿的岩石旁。

13. 荚果蕨 *Matteuccia struthiopteris*（L.）Todaro.

植株高90 cm，根状茎直立，连同叶柄基部密被披针形鳞片。叶簇生，二型，有柄；不育叶片矩圆倒披针形，二回深羽裂，下部十多对羽片，向下渐缩成耳形；能育叶较短，挺立，有粗硬而较长的柄，一回羽状，羽片

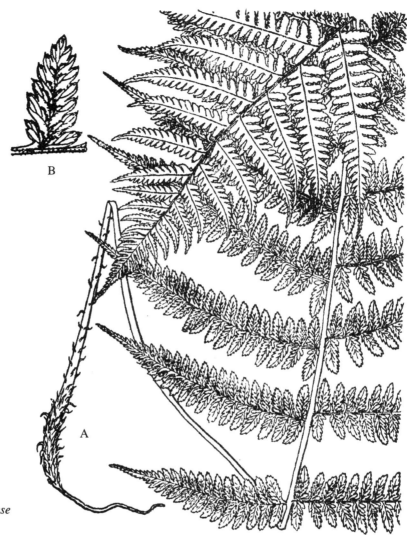

图 6-4
蹄盖蕨科 Athyriaceae
中华蹄盖蕨 *Athyrium sillense*
A.植株 B.小羽片

向下反卷成有节的荚果状，包被囊群。生于林下或山谷阴处。

14. 耳羽岩蕨 *Woodsia polystichoides* Eaton.

植株高 15～35 cm。根状茎短而直立，顶部和柄基部密生鳞片。叶簇生，叶柄顶端有一个斜关节，叶片纸质，顶部渐尖并为羽裂，向基部变狭，一回羽状；羽片基部不对称，下侧斜楔形，上侧耳状凸起；孢子囊群圆形，囊群盖下位，边缘撕裂。生于路旁石上及阴湿处石灰岩上。

15. 贯众 *Cyrtomium fortunei* J. Sm.

植株高 30~80 cm。根状茎短，直立或斜升，连同叶柄基部有密集的黑褐色大鳞片。叶簇生，叶片阔披针形或矩圆披针形，纸质，一回羽状；羽片镰状披针形，基部上侧稍呈耳状突起，下侧圆楔形，叶脉网状，有内藏小脉 1~2 条；孢子囊群生于内藏小脉顶端；囊群盖大，圆盾状，全缘。生于水沟边、路旁石土及阴湿处石灰岩上（图 6-5）。

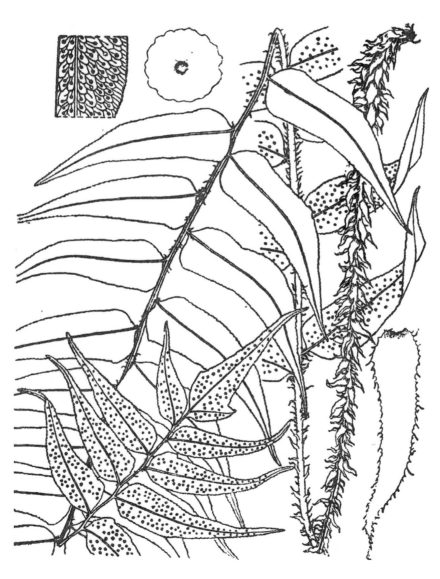

图 6-5

鳞毛蕨科 Dryoptericeae

贯众 *Cyrtomium fortunei*

A.植株

B.大鳞片

C.羽片局部，示孢子囊着生位置

16. 狭叶瓦韦 *Lepisorus angustus* Ching.

植株高不超过 20 cm。根状茎细长，横走；叶近生，叶片线形，全缘或干后常向下稍反卷。叶软革质，孢子囊群椭圆形，沿主脉两侧各一行。多生于岩石上。

17. 有柄石韦 *Pyrrosia petiolosa* （Christ.）Ching.

植株高 5～10 cm。根状茎如粗铁丝，长而横走，密生鳞片；叶远生，二型，厚革质，上面无毛，有排列整齐的小凹点，下面密覆灰棕色星状毛，干后通常向上内卷几成筒状；不育叶长为能育叶的 1/2 至 2/3，圆形；能育叶叶柄长于叶片，叶片矩圆形或卵状矩圆形，孢子囊群成熟时满布叶片下面。生于岩石上。

第7章　种子植物

　　种子植物（seed plant）与其他类群植物相比，在形态结构上有两个最主要的区别：一是种子的形成，二是在受精过程中产生了花粉管。种子的形成，在很大程度上加强了对胚的保护，提高了幼小孢子体（胚）对不良环境的抵抗能力；花粉管的出现，使种子植物的受精过程不再需要以水为媒介，从而摆脱了对水的依赖。因此，种子和花粉管的产生极大地提高了种子植物的适应性和竞争力。除此以外，种子植物的孢子体比其他植物要更加发达，结构也更复杂；而配子体则进一步简化，并完全寄生在孢子体上。

　　种子植物包括裸子植物（gymnospermae）和被子植物（angiospermae）两大类（图7-1，附录Ⅰ）。从形态结构上看，裸子植物是介于蕨类植物和被子植物之间的一个类群。裸子植物没有真正的花，仍以孢子叶球作为主要的繁殖器官，并保留了颈卵器的构造；此外，裸子植物绝大多数种类的木质部由管胞组成，韧皮部由筛胞组成，尚没有导管、纤维、筛管和伴胞的分化，这些特征与蕨类植物相似。但裸子植物以种子繁殖，并在受精过程中产生花粉管，且配子体完全寄生在孢子体上，这些特征又与被子植物相似。裸子植物包括苏铁类（cycad）、银杏类（ginkgo）、松柏类（conifer）（球果类）和买麻藤类（gnetophytes）四个类群，现存约800种；其中，松柏类植物最为常见，包含的种类也最多。

　　被子植物，也称有花植物（flowering plant）是目前地球上最繁盛的类群，植物体结构也最复杂。地球现存被子植物257 000余种，占绿色植物、陆地植物和种子植物多样性的大多数。与裸子植物相比，被子植物的体型和习性具有明显的多样性，它们可能是乔木、灌木或者草本；可能是直立的，也可能是木质或草质藤本；可能是常绿的，也可能是落叶的；可能是多年生的，也可能是一年生或二年生的。并且，被子植物开始出现了真正的花，种子产生于心皮内，心皮具 1 个柱头，其表面用于花粉萌发；1 个非常简化的雌配子体，大多数情况仅由 7 个细胞中的 8 个核组成；并具有双受精现象，产生一个称胚乳的典型三倍体营养组织。这些器官或结构的产生对提高被子植物的适应性、提高繁殖效率无疑具有重要的进化意义。

被子植物包括基部被子植物（ANA）、木兰类植物（magnoliids）、单子叶植物（monocots）和真双子叶植物（eudicots）等类群（图 7-1）。

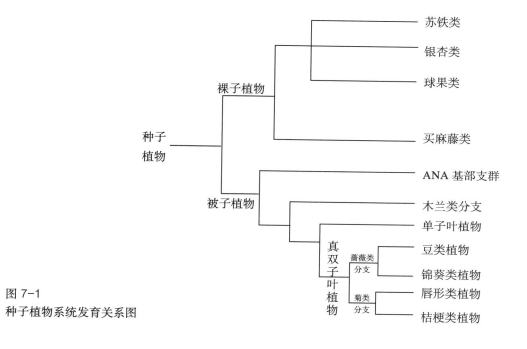

图 7-1
种子植物系统发育关系图

一、种子植物的标本采集与制作

16 世纪的欧洲采用一种简单保存种子植物的方法，即植物压干法，将压干的植物贴在纸上，就是腊叶标本。这种保存植物的方法，使得研究世界各地区植物变得更加方便。腊叶标本容易交换和进行鉴定，因此成为研究植物的一种必要手段。现全世界研究植物的单位收藏着千百万种植物，因此采集和制作标本成为研究植物的一项重要工作。

1. 采集方法

采集时除应携带采集用具外，还应要注意安全。采集时不仅应时时注意地面上生长的草本植物，还应仰观高大树林及其上寄生、附生的植物，并留心池塘河系中的水生植物。所采标本原则上应避免重复，但对于无采集经验者，宁可重复，不可遗漏。

木本植物采集时，选择正常生长的带有叶、花或果实的枝条，用剪枝剪剪取，切勿用手折断。剪取枝条的长度，应与标本台纸大小相当为宜，如为高大乔木，可用高枝剪剪取枝条，切忌上树，避免危险。可以剥取一小块树皮，以利于鉴定。

草本植物采集时，以采集全株为佳（包括根、茎、叶、花、果实），普通用采集杖掘起即可，切忌用手拔取，以免损伤标本，在采集有毒植物，有钩、刺植物时更应小心。此外，如有成熟果实种子可以纸袋装之，花及浆果、核果可以瓶装之。

标本采集后，须修剪所采标本过多部分，然后悬挂号牌。同时应在野外采集册上登记采集号数，日期，地点（包括海拔高度、省、县、乡、村名），生长地方（林内、山坡、山谷、水中、岩石上等），习性（乔木、灌木、草本、直立、攀缘、缠绕、寄生等），高度（木本或高大草本），胸径（专指属乔木的高处的直径），叶（叶序、叶形、叶的种类、颜色），花（花的种类、形状、颜色、气味等），果实（种类、色、味），备考（茂盛与否、多寡及经济用途等）。

登记完后将所采标本临时放置塑料袋内或采集筒中，采集一段后，须将标本放入标本夹中纸内，夹标本时应注意叶的反正和花的方向，使少部分叶的背面向上，以便以后鉴定和研究应用，如系较高大的草本植物，多次折叠亦可，放置于一标本纸内为宜；如系粗大草本植物，可剪成数段，分别压之，但应悬挂同一号牌。

植物标本由野外采集回来后，应用绳将标本夹扎紧，或负以重石。最初每日应更换夹内纸张，以免生霉弄坏标本。以后可以隔日换一次纸，再后隔二三天换一次纸。直到标本完全干燥为止。初采来的标本，切忌在阳光下暴晒，但到半干时可以晾晒，以促其干燥。如在山野遇到阴雨也可以烘干。

2. 标本制作

制作前应鉴定名称或寄往有关研究单位代为鉴定名称。

（1）修剪：将完全压干的标本上重叠的枝叶除去，但尽量保持其自然状态，其大小与台纸相当为宜。如标本上黏附有泥土也必须清除。

（2）消毒：由野外采回已压干的标本，难免带有虫卵及霉菌，所以在装上台纸之前，必须进行消毒工作。普通用的消毒溶液为千分之一升汞酒精（70%）溶液。此溶液切忌与金属接触，可以将溶液盛于搪瓷盘中，将修剪好的植物标本，浸于溶液中半分钟至两分钟取出，放置于纸上，使其干燥。升汞极毒，消毒时应注意不可将溶液触及皮肤，工作完毕，切记洗手，以免中毒。

（3）上台纸：台纸大小普通长 40 cm，宽 30 cm。将消毒后完全干燥的标本，按自然状态，即先端向上，基部向下，放置在台纸上适当位置，用涂阿拉伯胶（或桃胶）的布条将标本贴附于台纸上或用线缝上。贴合缝的位置，以保持标本固定、美观大方为原则。如标本有脱落的小形果实和种子，可以用玻璃纸袋装之，贴在台纸的左或右上角。

（4）贴标签：标本上好后，须贴有详细记载的标签于台纸的左上角。

3. 浸制标本

（1）普通标本浸制法：① 10%福尔马林水溶液（相当 4%甲醛溶液）。② 35%～50%酒精加少许甘油即可。③以 50%～70%酒精加 10%～12%福尔马林混合溶液最有效力。

（2）原色植物浸制标本制作法：

① 绿色标本浸制。

方法 1：硫酸铜液处理。量水 100 ml 放细碎 $CuSO_4$ 5 g 配成 5%处理液，将绿色植物放入，标本由绿变黄，再绿即可，时间 1～14 天，将标本漂洗干净放入 1%～4%亚硫酸保存液内长期保存。

方法 2：醋酸铜处理。用 100 ml 50%醋酸溶液，加进细碎醋酸铜 6 g 配成饱和原液。应用时，原液一份加水 4 份，加热至 70～80℃，将植物放入 3～19 min，翻动，由黄转绿即可。一般质地较硬的植物较好。处理漂洗后放入 1%～4%亚硫酸溶液内保存。

②白色标本的浸制。

方法 1：如慈姑，可先在 3%～5%亚硫酸溶液内处理一周左右，再放入 1%～4%亚硫酸溶液内保存，也可直接放入后者中保存。

方法 2：白色带绿色部分如菜花、白萝卜等，可先在 5%$CuSO_4$溶液内处理 1～3 天，漂洗后转入 1%～4%亚硫酸溶液内保存。

二、秦岭种子植物

秦岭具有种子植物 3 446 种，秦岭特有种子植物 1 007 属，国家重点保护植物 16 种，陕西地方重点保护植物 51 种。本书的被子植物采用 APG Ⅳ 分类系统，为了便于查阅，每种秦岭常见植物后附有《秦岭植物志》出现的位置（卷、册、页码）。

（一）秦岭裸子植物分科检索表

1. 茎不分枝；叶为羽状复叶，常绿，簇生于茎顶.. 1. 苏铁科 Cycadaceae

1. 茎通常分枝；单叶，叶针形、线形或扇形... 2

2. 落叶乔木；叶扇形............................ 2. 银杏科 Ginkgoaceae

2. 通常为常绿乔木或小灌木，稀为落叶乔木；叶针形、线形或鳞片状.....
.... 3

3. 小灌木；花具假花被，珠被先端延伸成细长珠被管；次生木质部有导管，
无树脂；叶退化为鳞片状............................. 9. 麻黄科 Ephedraceae

3. 乔木或灌木，花无假花被，珠被先端不延伸为细长珠被管；次生木质部
无导管，具管胞，常有树脂... 4

4. 雌雄同株，稀异株，雌球花发育成球果；种子无肉质套被或假种皮，常
具翅.. 5

4. 雌雄异株，雌球花不发育成球果，而发育为核果状或坚果状种子；种子
全部或部分包于肉质套被或假种皮... 7

5. 球果的种鳞与苞鳞离生，种鳞具 2 粒种子；种子上端具翅，无翅或近于
无翅.. 3. 松科 Pinaceae

5. 球果的种鳞与苞鳞半合生或完全合生，每种鳞具 1～9 种子；种子两侧
常具窄翅或无翅...6

6. 叶与种鳞均螺旋状排列，稀交互对生................ 4. 杉科 Taxodiaceae

6. 叶与种鳞均为交互对生或轮生........................ 5. 柏科 Cupressaceae

7. 雄蕊有 2 花粉囊；种子核果状、全部被肉质套被所包，着生于肉质或非肉质的总托上……………………………………… 6. 罗汉松科 Podocarpaceae

7. 雄蕊有 3～9 花粉囊；种子核果状或坚果状，基部无膨大的种托 ……………………………………………………………………… 8

8. 雌球花具多数交互对生的苞片，每苞片具 2 胚珠，假种皮全包种子…………………………………………… 7. 三尖杉科 Cephalotaxaceae

8. 雌球花仅具 1 胚珠，假种皮杯状、瓶状或全包种子………………………………………………………………… 8. 红豆杉科 Taxaceae

裸子植物

（二）秦岭常见裸子植物

1. 苏铁科 Cycadaceae

常绿木本；茎常不分支，叶二形，鳞叶小，被褐色毛，营养叶大，羽状深裂，集生于茎顶，幼时拳卷，孢子叶球生茎顶端，雌雄异株。

苏铁 *Cycas revoluta* Thunb. 1（1）: 2

2. 银杏科 Ginkgoaceae

落叶乔木；叶扇形；球花单性，雌雄异株；种子核果状。

银杏 *Ginkgo biloba* Linn. 1（1）: 3

3. 松科 Pinaceae

常绿乔木；叶针形或条形，在长枝上螺旋状排列，短枝上簇生；雄蕊具 2 个花药室，花粉有气囊；珠鳞和苞鳞分离，种鳞具 2 粒种子，种子常具单翅；我国有 10 属 84 种；秦岭产 7 属 17 种（包括栽培的 1 属）(图 7-2)。

冷杉属 *Abies* 秦岭冷杉 *A. chensiensis* Van Tieghem，1（1）: 6；岷江冷杉 *A. faxoniana* Rehd. et Wils. 1（1）: 7；巴山冷杉 *A. fargesii* Franch. 1（1）: 7

铁杉属 *Tsuga* Garr. 铁杉 *T. chinensis* （Franch.）Pritz. 1（1）: 8

云杉属 *Picea* 云杉 *P. asperata* Mast. 1（1）: 9；青海云杉 *P. crassifolia* Kom. 1（1）: 10；大果青杆 *P. neoveitchii* Mast. 1（1）: 10；青杆 *P. wilsonii* Mast. 1（1）: 11；麦吊杉 *P. brachytyla* （Franch.）Pritz. 1（1）: 11

落叶松属 *Larix* 红杉 *L. potaninii* Batal. 1（1）: 12；太白红杉 *L.*

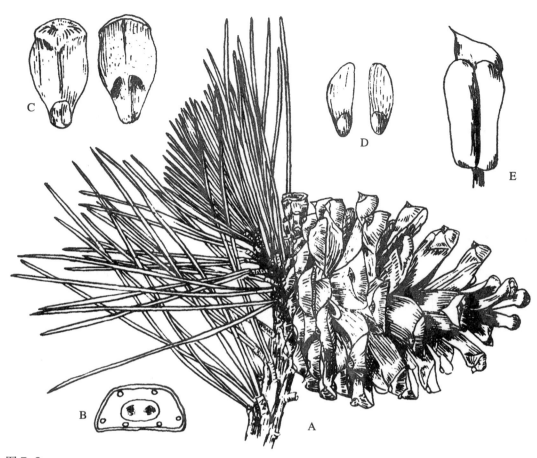

图 7-2

松科 Pinaceae

油松 *Pinus tabulaeformis*

A. 球果枝　B.叶横切　C.种鳞背腹面观　D.种子　E.小孢子叶

chinensis Beissn. 1（1）: 13；华北落叶松 *L. principis-rupprechtii* Mayr.

　　松属 *Pinus*　华山松 *P. armandii* Franch. 1（1）: 14；白皮松 *P. bungeana*

Zucc. ex Endl. 1（1）: 15；马尾松 *P. massoniana* Lamb. 1（1）: 16；油

松 *P. tabulaeformis* Carr. 1（1）: 16

4. 杉科 Taxodiaceae

　　常绿或落叶乔木；叶披针形、钻形、条形或鳞形，互生，螺旋状排列

或 2 列；雄蕊具 3~4 个花药室，花粉无气囊，种鳞和苞鳞半合生，种鳞具

2~9 粒种子；秦岭产 2 属（图 7-3）。

杉木 *Cunninghamia lanceolata* （Lamb.） Hook. 1（1）：18；水杉 *Metasequoia glyptostroboides* Hu et Cheng1（1）：19

图 7-3
杉科 Taxodiaceae
水杉 *Metasequoia gly-ptostroboides*
A.球果枝
B.小孢子叶球枝
C.球果
D.小孢子叶球
E.种子

5. 柏科 Cupressaceae

常绿乔木或灌木；叶对生或轮生，鳞形或刺形；雄蕊具 2~6 花药；雌球花有 3~16 枚交互对生或 3~4 枚轮生的珠鳞，珠鳞和苞鳞合生；秦岭产 4 属（图 7-4）。

侧柏 *Platycladus orientalis*（Linn.）Franch. 1（1）：21；柏木 *Cupressus*

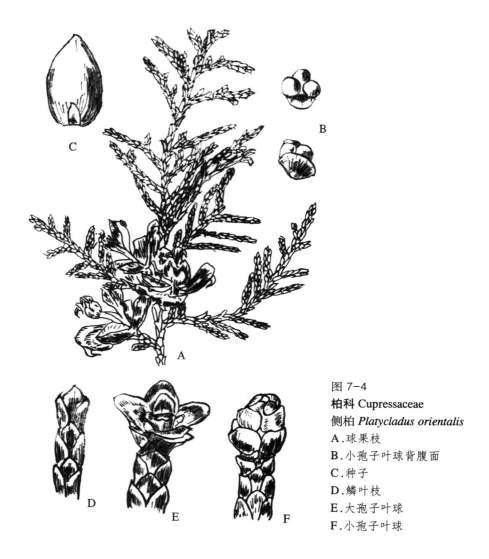

图 7-4
柏科 Cupressaceae
侧柏 *Platycladus orientalis*
A.球果枝
B.小孢子叶球背腹面
C.种子
D.鳞叶枝
E.大孢子叶球
F.小孢子叶球

funebris Endl. 1（1）: 22；圆柏 *Sabina chinensis* （Linn.） Ant. 1（1）: 25；刺松 *Juniperus formosana* Hayata 1（1）: 26；欧洲刺柏 *Juniperus communis* Linn. 1（1）: 27

6. 罗汉松科 Podocarpaceae

常绿木本；叶线形、披针形或阔长圆形、针形或鳞片状，螺旋状散生，稀对生；种子核果状或坚果状，为肉质假种皮所包围，着生于种托上。

小叶罗汉松 *Podocarpus brevifolius* （Stapf） Foxw. 1（1）: 28

7. 三尖杉科 Cephalotaxaceae

常绿乔木或灌木；叶披针形或披针状条形，交互对生或近对生，在侧枝上基部扭转排列成两列，背面具两条白色气孔带；雌球花序有长柄，基部苞片变态成囊状珠托；种子核果状，全部包于由珠托发育成的肉质假种皮中（图 7-5）。

三尖杉 *Cephalotaxus fortunei* Hook. f. 1（1）：28；中国粗榧 *Cephalotaxus sinensis*（Rehd. et Wils.）Li 1（1）：29

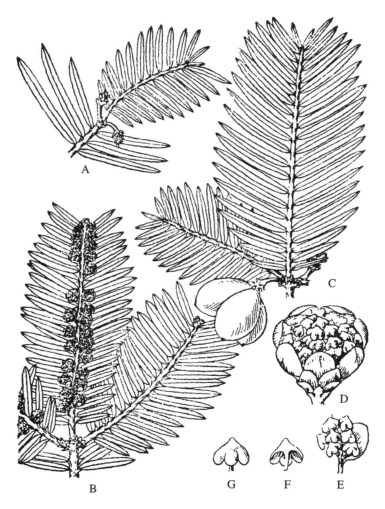

图 7-5
三尖杉科 Cephalotaxaceae
中国粗榧 *Cephalotaxus sinensis*
A.大孢子叶球枝　B.小孢子叶球枝　C.球果枝　D.6～7 个小孢子叶球聚生而得头状结构　E.小孢子叶球　F.小孢子叶腹面　G.小孢子叶背面

8. 红豆杉科 Taxaceae

常绿乔木或灌木；小枝对生；叶线形或针形，互生或对生，常二列；种子核果状或坚果状，为由珠托发育而成的肉质假种皮所全包或半包(图7-6)。

红豆杉 *Taxus chinensis*（Pilg.）Rehd. 1（1）: 31；南方红豆杉 *Taxus chinensis*（Pilg.）Rehd. var. *mairei*（Lemée et Lévl.）Cheng et L. K. Fu 1（1）: 31

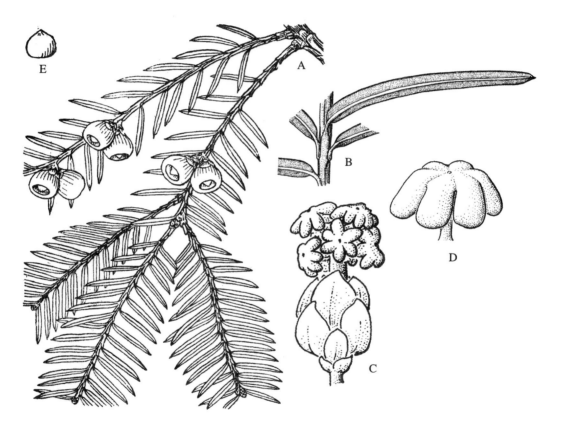

图 7-6
红豆杉科 Taxaceae
红豆杉 *Taxus chinensis*
A.具假种皮胚珠的枝
B.叶远轴面
C.花粉释放时的雄球花
D.小孢子叶
E.种子

（三）双子叶植物分科检索表

1. 花瓣分离或缺如（第一亚纲：古生花被亚纲 ARCHICHLAMYDEAE）... 2

1. 花瓣结合（第二亚纲：合瓣花亚纲 SYMPETALAE）.................... 155

2. 花无真正的花冠，花萼存在，有时呈现花瓣状，或花萼不存在........ 3

2. 花有花冠和花萼 65

3. 花雌雄同株或异株，成柔荑花序或柔荑状的头状花序 4

3. 花完全或不完全，不成柔荑花序 9

4. 雌雄花都成柔荑花序或柔荑状的头状或穗状花序........................ 5

4. 雌花单生、簇生或成穗状花序，雄花集成柔荑花序或穗状花序........ 8

5. 雄蕊 1 枚，叶掌状分裂；雄花与雌花具长梗而下垂的头状花序.................................. 43. 悬铃木科 Platanaceae

5. 雄蕊多于 1 个 6

6. 果为二裂蒴果，种子具长白毛 .... 76. 杨柳科 Salicaceae

6. 果不为蒴果、种子不具长毛 7

7. 花萼通常整齐，草质或果时变为肉质；子房 1～2 室，有单生胚珠；果为瘦果或小浆果，常结合成为复合果；或为肉质花托所包围...63. 桑科 Moraceae

7. 花萼退化或不存在；果为小坚果，具翅或不具翅.. 67. 桦木科 Betulaceae

8. 叶为单叶；坚果包于或半包于壳斗中 .... 65. 壳斗科 Fagacea

8. 叶为羽状复叶；果为核果状，或为坚果、翅果，或为托以苞片的小坚果，或为球果状..................... 66. 胡桃科 Juglandaceae

9. 心皮有 1 或 2 或 8 颗胚珠.............................. 10

9. 心皮有多数胚珠.. 55

10. 子房上位.. 11

10. 子房下位，或花萼附着于子房上............................ 49

11. 草本植物... 12

11. 木本植物... 32

12. 心皮多数分离或仅于基部连合 ……………………………………………… 13

12. 心皮 1 个或数个全部连合 ……………………………………………………… 17

13. 雄蕊着生花萼或萼筒上 ……………………………… 58. 蔷薇科 Rosaceae

13. 雄蕊着生花托上 …………………………………………………………… 14

14. 花成穗状或总状花序 ……………………………………………………… 15

14. 花不成穗状花序，花萼常呈花瓣状，白色或有彩色 ………………… 16

15. 花序托以显著的白色花瓣状苞片；叶具挥发油腺 ……………………

…………………………………………………… 3. 三白草科 Saururaceae

15. 花不具花瓣状苞片；叶不具挥发油腺 …… 106. 商陆科 Phytolaccaceae

16. 直立或攀缘草本；果为瘦果或蓇葖果 ……… 40. 毛茛科 Ranunculaceae

16. 攀缘草本，果为核果 ………………… 36. 防己科 Menispermaceae

17. 雄蕊着生萼筒上 ……………………………… 58. 蔷薇科 Rosaceae

17. 雄蕊着生花托上 ………………………………………………………… 18

18. 花极微小，无花被，成穗状花序；叶具挥发油腺 ……………………

………………………………………………………… 4. 胡椒科 Piperaceae

18. 花不极微小，具花萼 …………………………………………………… 19

19. 托叶鞘包围茎节；草本稀为藤本 …………………… 103. 蓼科 Polygonaceae

19. 托叶不成鞘状 ………………………………………………………… 20

20. 寄生、肉质、葺状植物；花成头状花序 …………………………………

…………………………………………………… 96. 蛇菰科 Balanophoraαae

20. 非寄生植物 …………………………………………………………… 21

21. 花萼细筒状，4 裂 ……………………………… 94. 瑞香科 Thymelaeaceae

21. 花萼不为细筒状 ……………………………………………………… 22

22. 花柱 1 个，或无花柱 ………………………………………………… 23

22. 花柱 2~3 个或 2~3 裂 ……………………………………………… 24

23. 花两性 ……………………………………… 36. 毛茛科 Ranunculaceae

23. 花单性 ……………………………………………… 64. 荨麻科 Urticaceae

24. 叶掌状分裂 …………………………………………………………… 25

24. 叶非掌状分裂 ………………………………………………………… 28

25. 花两性，植株含黄色液汁 ……………………… 35. 罂粟科 Papaveraceae

25. 花单性或两性，植株不含黄色液汁 ………………………………… 26

26. 花单性同株，成各种花序；植株常含乳汁.. 27

26. 花两性或单性，同株、簇生或雌花单生；植株不含乳汁。子房上位；果实为翅果、坚果或核果.................................... 61. 榆科 Ulmeceae

27. 雌花序成穗状或球果状；果实为瘦果；子房 1 室................................
.... 63. 桑科 Moraceae

27. 雌花多着生于雄花下部；果实为蒴果；子房 2～3 室............................
.... 74. 大戟科 Euphorbiaceae

28. 子房 3 室.. 29

28. 子房1室或4室.. 30

29. 茎和叶不含乳汁；花成穗状花序，种子无种阜.... 45. 黄杨科 Buxaceae

29. 茎和叶含乳汁；花簇生或成杯状花序，种子多有种阜............................
.... 74. 大戟科 Euphorbiaceae

30. 雌雄花均无花被，托以 2 苞片；雄蕊单生，子房 4 室；果实为 4 个小浆果...... 122. 水马齿科 Callitrichaceae（合并至车前科 Plantaginaceae）

30. 花有花萼；雄蕊与萼片同数，稀更少；子房 1 室；果实为坚果或蒴果............
.... 31

31. 苞片和花萼膜质，果实横裂或不开裂.......... 105. 苋科 Amaranthaceae

31. 苞片和花萼不为膜质；果实为坚果，稀开裂......................................
.... 105. 黎科 Chenopodiac（合并至苋科）

32. 心皮分离.. 33

32. 心皮部分或全部连合.. 39

33. 果实为蓇葖果.. 34

33. 果实不为蓇葖果.. 37

34. 花无花被，两性，心皮 5～10 个.............. 34. 领春木科 Eupteleaceae

34. 花有花萼，单性，稀杂性.. 35

35. 雌雄花异株，心皮 4 个，果实小，雄蕊分离，叶为单叶不分裂.................
.... 49. 连香树科 Cercidiphyllaceae

35. 雌雄花同株、异株或其杂性花；心皮 1～5 个.................................. 36

36. 雌雄花异株、或具杂性花；心皮 1～5 个，雄蕊不连合成筒，叶为羽状复叶或有三出小叶.................................. 89. 芸香科 Rutaceae

36. 雌雄花同株；心皮 5 个；雄蕊连合成筒..

　　……………………………………………93.梧桐科 Sterculiaceae（合并至锦葵科）

37. 乔木，果实为簇生而具梗的小翅果；叶为互生单叶………………

　　…………………………………………34. 领春木科 Eupteleaceac

37. 攀缘灌木，稀直立 ……………………………………………… 38

38. 叶为对生三出掌状复叶，花大，果实为一簇花柱具毛的瘦果…………

　　…………………………………………40. 毛茛科 Ranunculaceae

38. 叶为互生单叶，花小，果实为一簇核果…… 36. 防己科 Menispermaeeae

39. 果实为深 4 裂的蒴果，柱头生于心皮的基部；萼片 4 片，雄态 4 枚…．

　　……………………………………………6. 木兰科 MagnoJiaceae

39. 果实不为深 4 裂……………………………………………… 40

40. 子房与果实 3 室；果实为蒴果………………………………… 41

40. 子房与果实 1～9 室…………………………………………… 42

41. 茎和叶不含乳汁；花成穗状花序，萼片为 4 片；种子无种阜…………

　　……………………………………………45. 黄杨科 Buxaceae

41. 茎和叶含乳汁；花成各式花序，萼片多为 5 片；种子有种阜………

　　…………………………………………74. 大戟科 Euphorbiaceae

42. 果实为翅果…………………………………………………… 43

42. 果实为非翅果………………………………………………… 45

43. 子房 2 室；果实有 2 翅，花杂性，簇生或成总状和圆锥状花序；翅果
颇大；叶对生，通常为单叶，掌状或指状分裂或羽状复叶………………

　　………………… 85. 槭树科 Aceraceae（合并至无患子科 Sapindaceae）

43. 子房 1 室；翅果有 1、2 或 4、5 翅…………………………… 44

44. 雌雄花异株，无花被，雄蕊 8～10 枚，果实长圆形，具 2 狭翅；单叶
互生…………………………… 120. 杜仲科 Eucommiaceae

44. 花两性、具花萼，果实有 2～5 翅、具 1 顶生翅；雄蕊 2 枚；叶对生，
为羽状复叶………………………… 128. 木犀科 Oleaecae

45. 花萼长筒状，萼裂片花瓣状………………………………… 46

45. 花萼非长筒状………………………………………………… 48

46. 花和叶有银白色或褐色星芒状或盾状毛；子房 1 室………………

　　……………………………………………59. 胡颓子科 Elaeagnaceae

46. 花和叶无星芒状或盾状毛，子房 2～5 室，稀 1 室……………… 47

47. 花萼花冠状，常有色彩..........................94. 瑞香科 Thymelaeaceae

47. 花萼草质，黄绿色..............................60. 鼠李科 Rhamnaceae

48. 乔木或灌木，通常有香气；花药瓣裂，果实为核果状浆果，种子无胚乳，胚直生...8. 樟科 Lauraceae

48. 草本或半灌木。无香气；花药不为瓣裂，果实不为核果状浆果，干燥，包于各种形式的花被内；种子有胚乳，胚生于胚乳外围，胚环形或马蹄形...............105. 藜科 Chenopodiaceae（合并至苋科 Amaranthaceae）

49. 肉质寄生草本；花有花被时，其雄蕊常与花被裂片同数，子房 1～3 室..........................96. 蛇菰科 Balanophoraceae

49. 非肉质寄生草本..50

50. 花小形，单性，雄蕊 1～3 枚连成块状；子房 1 室，含 1 颗胚珠；果实为小核果；花成穗状、圆锥状或头状花序.....9. 金粟兰科 Chloranthaceae

50. 花、雄蕊、子房与上述科不同....................................51

51. 草本..52

51. 灌木或乔木..53

52. 半寄生草木，花小形；叶互生，狭细，具 1～3 脉...98. 檀香科 Santalaceae

52. 非寄生草本，花较大而美丽，叶对生而宽，具明显羽状脉...107. 紫茉莉科 Nyctaginaceae

53. 花柱 1～2 个..54

53. 花柱 3 个至更多数；子房 1～4 室、各有 1 颗胚珠、花雌雄异株，成圆锥花序..........................110. 山茱萸科 Cornaceae

54. 果实为蒴果，聚合成头状或穗状果序；花两性或单性.......................................48. 金缕梅科 Hamamelidaceae

54. 果实为核果或坚果；花多单性，稀两性，单生或雄花成伞形花序，有时为半寄生植物..................98. 檀香科 Santalaceae

55. 草本植物..56

55. 木本植物..63

56. 子房上位..57

56. 子房下位，花萼有筒，萼裂片 3；叶基生...5. 马兜铃科 Aristolochiaceae

57. 心皮多数，分离或仅基部连合................... 40. 毛茛科 Ranunculaceae

57. 心皮 1 个，或数个连合.. 58

58. 心皮 1 室或只有 1 心皮.. 59

58. 子房 2~6 室.. 62

59. 叶对生................... 104. 石竹科 CaryophyUaceae

59. 叶互生.. 60

60. 叶为复叶或分裂.. 61

60. 叶为单叶，互生；果实稀为浆果............... 40. 毛茛科 Ranunculaceae

61. 花大，单生；萼片花瓣状；心皮常退化为 1 个...
.... 40. 毛茛科 Ranunculaceae

61. 花小，成总状花序，心皮 2~3 个........... 51. 虎耳草科 Saxifragaceae

62. 叶多为肉质；果实为蒴果或小坚果....................... 番杏科 Aizcaeae

62. 叶非肉质；果实为蒴果....................... 80. 千屈菜科 Lythraceae

63. 子房下位；花萼有弯曲的细长管；多为攀缘灌木，有时为草本状 ......
.... 5. 马兜铃科 Aristolochiaceae

63. 子房上位或半下位；花萼无弯曲之细长筒................... 64

64. 子房上位；花簇生或成总状花序或聚伞花序；果实为 2~5 瓣裂的蒴
果............... 76. 大风子科 Flacourtiaceae（合并至杨柳科 Salicaceae）

64. 子房半下位；花成头状或穗状花序；果实为木质化、具 2 室之蒴果。植
株常被星状毛................... 48. 金缕梅科 Hamamelidaceae

65. 花冠有分离的花瓣.. 66

65. 花冠具连合花瓣.. 155

66. 心皮分离或仅基部连合.. 67

66. 心皮连合或只有 1 个.. 85

67. 草本植物.. 68

67. 木本植物.. 74

68. 水生植物.. 69

68. 陆生植物.. 70

69. 心皮多数，分离而嵌入陀螺状花托的孔隙中，稀嵌入花托内；花两位，
大而美丽，花瓣多数；叶盾形或心形........... 1. 睡莲科 Nymphaeaceae

69. 心皮 1 个，不嵌入花托孔隙中；花单性同株、小形，无梗，花被片 6~8；

子房 1 室，含 1 颗胚珠；叶细裂呈线形，轮生……………………………

…………………………………… 33. 金鱼藻科 Ceratophyllaceae

70. 雄蕊离心发育；花大；心皮 3 个，围以肉质的花盘………………………

………………………………………40.毛茛科 Ranunculaceae

70. 雄蕊向心发育，多数或只有 5～10 枚……………………………… 71

71. 雄蕊多数 …………………………………………………………… 72

71. 雄蕊 5～10 枚 ……………………………………………………… 73

72. 雄蕊着生花托上………………………………… 40. 毛茛科 Ranunculaceae

72. 雄蕊着生花萼筒上…………………………… 58. 蔷薇科 Rosaceae

73. 肉质草本或半灌木；叶为互生或簇生单叶，果实为蓇葖果…………………

…………………………………………… 52. 景天科 Crassulaceae

73. 肉质草本；叶为对生单叶或为羽状复叶；果实为干裂果………………

……………………………………… 55. 蒺藜科 Zygophyllaceae

74. 攀缘灌木 ………………………………………………………… 75

74. 乔木或直立灌木………………………………………………… 78

75. 花瓣小于萼片；雄态 6 枚；心皮 3、6、9 个，各含多数胚珠，或心皮
多数各含 1 颗胚珠………………………… 37. 木通科 Lardizabalaceae

75. 花瓣大于萼片；雄蕊多数；心皮多数或少数，含 2 颗至多数胚珠……

……………………………………………………………… 76

76. 雄蕊着生萼筒上，果实为一聚合小核果，或为多数瘦果，包于瓶状花
托内 ……………………………………… 58. 蔷薇科 Rosacea

76. 雄蕊着生花托上…………………………………………………… 77

77. 雄蕊全部或一部连合成块状；心皮成熟时浆果状，成头状或穗状排列
……………………………………………… 6. 木兰科 Magnoliaceae

77. 雄蕊分离；雌雄花异株；果实为核果状；种子马蹄铁形………………

…………………………………………… 38. 防己科 Menispermaceae

78. 叶为单叶…………………………………………………………… 79

78. 叶为复叶…………………………………………………………… 83

79. 叶对生……………………………………………………………… 80

79. 叶互生……………………………………………………………… 81

80. 心皮多数，分离，包于瓶状花托内；花大形，芳香，萼片与花瓣成数

组...7. 蜡梅科 Calycanthaceae

80. 心皮 5 个或 10 个，分离，花小形，萼片与花瓣各 5 片，花柱甚长，裂
　　果为增大的花被所包.............................68.马桑科 Coriariaceae

81. 心皮螺旋状排列，成球果状；果实为蓇葖果或翅果；萼片与花瓣成数
　　组...6. 木兰科 Magnoliaceae

81. 心皮轮状排列或簇生，不成球果状............................. 82

82. 心皮多数，仅基部连合，排成一轮，果实为蓇葖果，各有 1 颗种子，灌
　　木或小乔木............................. 6. 木兰科 Magnoliaceae

82. 心皮完全分离，轮状排列或簇生，果实为蓇葖果或浆果状.............
　　...58. 蔷薇科 Rosaceae

83. 矮小灌木，叶为二回三出复叶；花大，单生；心皮 3 个，围以肉质花
　　盘............................. 40. 毛茛科 Ranunculaceae

83. 高大灌木或乔木，叶为羽状或三出复叶............................. 84

84. 果实为蒴果，心皮几分离，叶有挥发油腺点....... 89. 芸香科 Rutaceae

84. 果实为翅果或核果，心皮完全分离............. 90. 苦木科 Simarubaceae

85. 雄蕊通常多于 10 枚，无定数............................. 86

85. 雄蕊 10 枚或少于 10 枚............................. 101

86. 花萼多少附生于子房上；子房多室或数室............................. 87

86. 花萼不附生于子房上............................. 92

87. 萼片 2；果实为蒴果，有特立中央胎座或基底胎座，叶肉质.............
　　............................. 109. 马齿苋科 Portulacaceae

87. 植物不具上列习性............................. 88

88. 萼片 2～3；雌雄花同株，子房下位；果实为蒴果；叶多斜形.............
　　............................. 70. 秋海棠科 Begoniaceae

88. 萼片 4～5；花两性............................. 89

89. 叶对生或轮生；子房每室含数颗或多数胚珠............................. 90

89. 叶互生；子房每室含 1 颗至多数胚珠............................. 91

90. 子房下位或半下位，1～3 室，花序边缘有时具大形不育花；果实为蒴
　　果............................. 51. 虎耳草科 Saxifragaceae

90. 子房下位，多室；花完全发育；果实为球形浆果.............................
　　.............80.安石榴科 Punicaceae（合并至千屈菜科 Lythraceae 石榴属）

91. 花瓣 5～10，狭长，向外卷；子房下位；果实为核果，顶端有增大的萼片…103.八角枫科 Alangiaceae（合并至山茱萸科 Cornaceae）

91. 花瓣 5，不向外卷；子房下位；果实为梨果；子房每室含 2 颗至多数种子 ……………………………………………… 58. 蔷薇科 Rosaceae

92. 子房 1 室 ……………………………………………………… 93

92. 子房多室 ……………………………………………………… 95

93. 胚珠多数 ……………………………………………………… 94

93. 胚珠 1 颗；果实为核果；雄蕊着生花萼筒上 …… 58. 蔷薇科 Rosaceae

94. 草本，萼片 2，早落；植株含乳状液计 …… 35. 罂粟科 Papaveraceae

94. 灌木或小乔木；萼片 4～5，有时 3～6；植株无乳状液汁 …………… ………………………… 76. 大风子科 Flacourtiaceae（杨柳科 Salicaceae）

95. 叶对生；花两性或单性，黄色，雄蕊连合成数束 ……………………… ……………………………………… 78. 金丝桃科 Hypericaceae

95. 叶互生 ……………………………………………………… 96

96. 花药有 1 花粉囊，花丝常结合成筒，着生于花瓣基部；多为草本 ……… ……………………………………………… 93. 锦葵科 Malvaceae

96. 花药有 2 花粉囊，花丝不连合成筒状 …………………………… 97

97. 萼片镊合状排列 ………………………………………………… 98

97. 萼片覆瓦状排列 ……………………………………………… 100

98. 花药顶孔开裂；花瓣顶端多细裂 …………… 73. 杜英科 Elaeacaraceae

98. 花药不为顶孔开裂；花瓣顶端通常不细裂 …………………………… 99

99. 雄蕊分离或基部连合，或连合成数束，无退化雄蕊，花序梗有时与舌状苞片下部连合 …… 93. 椴树科 Tiliaceae（合并至锦葵科 Malvaceae）

99. 雄蕊一部分连合成筒状，有时有 5 枚退化雄蕊 ……………………… ……………………… 93. 梧桐科 Sterculiaceae（合并至锦葵科 Malvaceae）

100. 花药基生；子房每室有 1 至数颗胚珠，果实为蒴果或核果状小浆果，直立灌木或乔木 ……………………………………………………… …………………116.山茶科 Theaceae（合并至五列木科 Pentaphylacaceae）

100. 花药背部着生；子房每室有多数胚珠；果实为浆果；攀缘灌木 ……… ……………………………………… 118. 猕猴桃科 Actinidiaceae

101. 雄蕊与花瓣同数而对生 ………………………………………… 102

101. 雄蕊与花瓣互生而同数或较多 ………………………………… 106

102. 子房 1 室 …………………………………………………… 103

102. 子房 2～5 室 ………………………………………………… 105

103. 寄生灌木，花瓣分离或连合成筒状；子房下位，果实为浆果…………
………………………………… 99. 桑寄生科 Loranthaceae

103. 非寄生植物 ………………………………………………… 104

104. 花药瓣裂；灌木或草本 ……………… 39. 小檗科 Berberidaceae

104. 花药直裂；小草本，叶肉质 …………… 109. 马齿苋科 Portulacaceae

105. 直立灌木或乔木，无卷须，花萼 4～5 裂；花成聚伞花序……………
………………………………… 60. 鼠李科 Rhamnaceae

105. 攀缘灌木，多有卷须；花萼无或极小；花成与叶对生的簇生花序……
………………………………… 54. 葡萄科 Vitaceae

106. 花萼与子房分离 …………………………………………… 107

106. 花萼或萼筒多少附着于子房上 …………………………… 147

107. 有透明油腺点；叶为羽状或三出复叶，或为单身复叶；草本、灌木或
乔木 ………………………………… 89. 芸香科 Rutaceae

107. 叶无透明腺点 ……………………………………………… 108

108. 子房 1 室 …………………………………………………… 109

108. 子房 2 室至多室 …………………………………………… 12l

109. 果实为豆荚，花不整齐为蝶形或整齐；叶多为羽状复叶，稀为羽状三
出复叶或单叶 ……………………… 56. 豆科 Fabaceae

109. 果实非豆荚；花不为蝶形 ………………………………… 110

110. 花冠不整齐 ………………………………………………… 111

110. 花冠整齐 …………………………………………………… 113

111. 雄蕊 6 枚，连合成 2 组；萼片 2，脱落 ……… 35. 罂粟科 Papaveraceae

111. 雄蕊 5 或 8 枚 ……………………………………………… 112

112. 雄态 5 枚，分离，下面花瓣大，有距或有爪，蒴果 3 室……………
………………………………… 77. 堇菜科 Violaceae

112. 雄蕊 8 枚，连合成鞘状，鞘在上面开裂；花瓣无距；蒴果 2 裂，或为
翅果 ………………………………… 57. 远志科 Polygalaceae

113. 胚珠 1 颗；叶互生，为羽状复叶，果实通常为偏斜的核果…………

　　　　　　　　　　　　　　　…………………… 87. 漆树科 Anacardiaceae

113. 胚珠 2 颗或较多……………………………………………………… 114

114. 灌木或乔木………………………………………………………… 115

114. 草本……………………………………………………………… 116

115. 叶互生，极小，呈鳞片状；花瓣和雄蕊均着生花托上………………
　　　　　　　　　　　　　………………… 101. 柽柳科 Tamaricaceae

115. 叶对生，大而显著；花瓣和雄蕊均着生花萼筒上…………………
　　　　　　　　　　　　　…………………… 80. 千屈菜科 Lythraceae

116. 胎座为特立中央胎座或中轴胎座………………………………… 117

116. 胎座为侧膜胎座………………………………………………… 118

117. 花瓣着生花萼筒上……………… 80. 千屈菜科 Lythraceae

117. 花瓣不着生花萼筒上，常有长爪……… 104. 石竹科 Caryophyllaceae

118. 叶对生，有透明腺点………… 78. 金丝桃科 Hypericaceae

118. 叶互生或基生，无透明腺点………………………………… 119

119. 雄蕊 6 枚，4 长 2 短；花瓣 4，多有爪；果实为长角果或短角果……
　　　　　　　　　　　　　………………… 95. 十字花科 Cruciferae

119. 雄蕊 5~10 枚，或多数，非 4 长 2 短…………………… 120

120. 花瓣 4~6，花萼不附生于子房上…………… 35. 罂粟科 Papaveraceae

120. 花瓣 3~5，花萼附生于子房上………… 51. 虎耳草科 Saxifragaceae

121. 花不整齐………………………………………………………… 122

121. 花整齐或近整齐………………………………………………… 126

122. 攀缘或匍匐草本………………………………………………… 123

122. 直立草本、灌木或乔木………………………………………… 124

123. 果实为膨胀膜质蒴果；叶为二回三出复叶.. 88. 无患子科 Sapindaceae

123. 果实为不开裂的蒴果；叶为单叶，盾形……… 旱金莲科 Tropaolaceae

124. 多水汁的草本；下面萼片有距；蒴果裂成 5 个卷曲的肉质裂瓣；叶为
　　　互生单叶…………………… 112. 凤仙花科 Balsaminaceae

124. 乔木，花、果实与上科不同；叶为羽状或掌状复叶…………… 125

125. 叶为对生掌状复叶………………………………………………
　　　　　　…… 88. 七叶树科 Hippocastanaceae（合并至无患子科 Sapindaceae）

125. 叶为互生羽状复叶………………… 88. 无患子科 Sapindaceae

126. 雄蕊不与花瓣同数，也不为其 2 倍……………………………………… 127

126. 雄蕊与花瓣同数或为其 2 倍……………………………………………… 129

127. 草本；花瓣 4；雄蕊 6 枚，4 长 2 短………… 95. 十字花科 Cruciferae

127. 乔木、灌木或藤本…………………………………………………… 128

128. 果实为有 2 翅的翅果：雄蕊 3~12 枚，全部发育……………………
　　　　　　　　………88. 槭树科 Aceraceae（合并至无患子科 Sapindaceae）

128. 果实为浆果，无翅；发育雄蕊仅 2 枚；单叶或为羽状复叶…………
　　　　　　　　　　　　　　　　　　　41. 清风藤科 Sabiaceae

129. 子房每室有 1~2 颗胚珠………………………………………………… 130

129. 子房每室有数颗至多数胚珠…………………………………………… 141

130. 草本植物………………………………………………………………… 131

130. 木本植物………………………………………………………………… 135

131. 雌雄花同株或异株，子房 3 室…………… 74. 大戟科 Euphorbiaceae

131. 花两性………………………………………………………………… 132

132. 蒴果有长芒状花柱；成熟心皮自中轴分离，自基部向上卷成扭挟挞
　　　…………………………………………… 79. 牻牛儿苗科 Geraniaceae

132. 果实非上列性状………………………………………………………… 133

133. 花药顶孔开裂，胚珠多数…………………………………………………
　　　………………… 119. 鹿蹄草科 Pyrolaceae（合并至杜鹃花科 Ericaceae）

133. 花药直裂，子房每室通常有 2 颗胚珠………………………………… 134

134. 单叶，果实为蒴果或浆果………………………… 亚麻科 Linaceae

134. 羽状复叶或叶呈不规则分裂；果实为蒴果，开裂或不开裂…………
　　　　　　　　　　　　　　　55. 蒺藜科 Zygophyllaceae

135. 叶为单叶………………………………………………………………… 136

135. 叶为复叶………………………………………………………………… 140

136. 叶具掌状叶脉；果实为有 2 翅的翅果……………………………………
　　　　　　　　88. 槭树科 Aceraceae（合并至无患子科 Sapindaceae）

136. 具羽状叶脉……………………………………………………………… 137

137. 果实为核果……………………………………………………………… 138

137. 果实为翅果或蒴果……………………………………………………… 139

138. 子房 3 至多室；乔木或直立灌木………… 134. 冬青科 Aquifoliaceae

138. 成熟心皮 1~2 个，向一面膨胀，有 1 近基生花柱；藤本..............
.... 41. 清风藤科 Sabiaceae

139. 果实为由心皮连合成的有 3 翅的翅果；雄蕊 5 枚.....................
....71.卫矛科 Ce1astraceae

139. 果实为蒴果.......................... 71. 卫矛科 Celastraceae

140. 果实为有 2 翅的翅果，花单性，稀两性，子房 2 室，每室含 2 颗胚珠；
叶对生............ 81. 槭树科 Aceraceae（合并至无患子科 Sapindaceae）

140. 果实为核果状浆果或蒴果；花两性，子房 2~5 室，每室含 1 颗至多数
胚珠,雄蕊连合成筒状;叶互生.............................91.棟科 Meliaceae

141. 叶为复叶... 142

141. 叶为单叶... 145

142. 叶为指状复叶，有 3 小叶；果实为浆果.......... 72. 酢浆草科 Oxalidaceae

142. 叶为羽状或三出复叶，或只有 1 小叶......................... 143

143. 果实肉质，有 3~5 角棱的大浆果............ 72. 酢浆草科 Oxalidaceae

143. 果实为无角棱的大浆果.. 144

144. 叶为 2、3 回三出或指状复叶；果实为蒴果；草本.....................
.... 51. 虎耳草科 Saxifragaceae

144. 叶为一回羽状复叶或只有 1 小叶；果实为蒴果或角果；乔木或灌木...
.... 83. 省沽油科 Staphyleaceae

145. 叶对生；花萼有长筒，花瓣着生花萼筒上；子房 3 室.....................
.... 80. 千屈菜科 Lythraceae

145. 叶互生；萼片不连合成筒；花瓣着生花托上............ 146

146. 花为 4 基数，成穗状或总状花序............ 84. 旌节花科 Stachyuraceae

146. 花为 5 基数，单生或成伞房花序............ 145. 海桐科 Pittosporaceae

147. 子房每室有 2 颗至多数胚珠.................................... 148

147. 子房每室有 1 颗胚珠.. 151

148. 子房 1 室.. 149

148. 子房 2 至多室，雄蕊着生花萼上................................ 150

149. 草本植物，胚珠多数，着生中轴胎座上..............................
.... 51. 虎耳草科 Saxifragaceae

149. 木本植物；花瓣小于萼片或呈鳞片状，有时退化或单性，或花瓣大于

萼片；雄蕊 4～6 枚……………………51. 虎耳草科 Saxifragaceae

150. 花柱单一；下房下位；花常单生…………81. 柳叶菜科 Oneotheraceae

150. 花柱 2 或较多………………………………51. 虎耳草科 Saxifragaceae

151. 雄蕊 5 或 10 枚；花两性，成伞房花序、总状花序、圆锥状复伞形或
    头状花序；子房下位，1～5 室……………………………………152

151. 雄蕊 2、4 至 8 枚…………………………………………………153

152. 果实为浆果状；多为木本植物……………146. 五加科 Araliaceae

152. 果实为 2 干燥心皮，形成双悬果，常有油管；多为草本植物………
    …………………………………………147. 伞形科 Apiaceae

153. 果实为核果，有时连合成头状复果；花序有时托以花瓣状总苞片……
    …………………………………110. 山茱萸科 Cornaceae

153. 果实非核果状……………………………………………154

154. 陆生木本植物；果实为具 2 室的木质蒴果；花成总状穗状花序或头状
    花序……………………………48. 金缕梅科 Hamamelidaceae

154. 水生草本植物，有漂浮叶；果实为具 2 或 4 刺，或 2 角的坚果………
    ………………76. 菱科 Trapaceae（合并至千屈菜科 Lythraceae）

155. 花单性；果实为浆果，每室有 1 或 2 颗种子……107. 柿科 Ebenaceae

155. 花两性…………………………………………………156

156. 雄蕊较花冠裂片多………………………………………157

156. 雄蕊不较花冠裂片多……………………………………161

157. 雄蕊不着生花冠上………………………………………158

157. 雄蕊着生花冠上…………………………………………159

158. 无叶寄生草本；花瓣 3～6 片，分离或下部连合…………………
    …………………119. 鹿蹄草科 Pyrolaceae（合并至杜鹃花科 Ericaceae）

158. 有叶灌木或小乔木；花冠合瓣，雄蕊常有尾；花药顶孔开裂………
    …………………………………119. 杜鹃花科 Ericaceae

159. 雄蕊基部连合成筒或成束…………………………………160

159. 雄蕊基部不连合，花药顶孔开裂；子房下位，果实为浆果或核果……
    …………………………119. 杜鹃花科 Ericaceae

160. 雄蕊多数，连合成数束缚……………117. 山矾科 Symplocaceae

160. 雄蕊为花冠裂片的倍数，常部分连合成筒；植物有星芒状毛………

.... 野茉莉科（安息香科）Styracaceae

161. 雄蕊与花冠裂片同数而对生，有时具退化雄蕊...................... 162

161. 雄蕊与花冠裂片同数而互生，或较少.................................. 164

162. 子房有 1 颗胚珠，果实有 1 颗种子；花萼有显著的肋脉...............

.... 102. 蓝雪科（白花丹科）Plumbaginaceae

162. 子房有数颗至多数胚珠；果实有数颗至多数种子.................... 163

163. 草本；叶多基生；果实为蒴果.............. 115. 报春花科 Primulaceae

163. 木本；叶多互生；果实为浆果状或核果状.............................

.... 115. 紫金牛科 Myrsinaceae（合并至报春花科）

164. 子房上位.. 165

164. 子房下位.. 190

165. 花冠整齐或近整齐，不成 2 唇裂.................................... 166

165. 花冠不整齐，成 2 唇裂.. 184

166. 花冠裂片与雄蕊同数.. 167

166. 花冠裂片少于雄蕊.. 182

167. 子房 1 个，深裂，或多于 1 个...................................... 168

167. 子房 1 个，4 浅裂.. 170

168. 花冠裂片不扭捩；子房通常深 4 裂，成熟心皮成为 4 个小坚果，稀连

合成核果..................................... 125. 紫草科 Boraginaceae

168. 花冠裂片扭捩；成熟心皮 2 个，分离或 1 个深裂成 2 个角果状........

.... 169

169. 雄蕊合生；花粉连合呈成对的花粉块；花有副花冠.....................

.... 124. 萝摩科 Ascpiadaceae（合并至夹竹桃科）

169. 雄蕊离生，花粉不连合成花粉块.......... 124. 夹竹桃科 Apocynaceae

170. 子房 1 室.. 171

170. 子房 2～10 室.. 173

171. 果实为瘦果或有 1 颗种子的蒴果；花成穗状花序；花冠 4 裂；雄蕊 4

枚；叶基生................................. 130. 车前科 Plantaginaceae

171. 果实为蒴果，有数颗至多数种子...................................... 172

172. 雄蕊与花冠裂片同数；花冠裂片通常扭捩，稀为覆瓦状排列；蒴果短

.... 122. 龙胆科 Gentianaceae

172. 雄蕊少于花冠裂片或与之同数而一部分退化；花冠不整齐，裂片不扭掞；蒴果瘦长，长为花冠的 2 倍.............129. 苦苣苔科 Gesneriaceae

173. 缠绕植物，有时为寄生无叶缠绕草本..... 126. 旋花科 Convolvulaceae

173. 直立草本或灌木 174

174. 叶通常对生，且在两叶间有托叶所形成的连接线或附属物；雄蕊着生花冠上 ....123. 马钱科 Loganiaceae

174. 叶互生，若对生则无托叶形成的连接线 175

175. 雄蕊与花冠分离或近分离 176

175. 雄蕊着生花冠筒上 177

176. 雄蕊 5 枚等长；花药顶孔开裂；花冠整齐 ....
.... 119. 杜鹃花科 Ericaceae

176. 雄蕊 2 枚，若为 5 枚，则其中 3 枚较短；花药不为顶孔开裂；花冠近整齐 ....131. 玄参科 Scrophulariaceae

177. 雄蕊 4 枚；花冠不整齐 178

177. 雄蕊 5 枚或较多 179

178. 子房 2~3 室，有 4 颗胚珠；果实为核果或浆果..................
.... 137. 马鞭草科 Verbenaceae

178. 子房 1 室，有 1 颗胚珠，果实为瘦果........ 133. 透骨草科 Phrymaceae

179. 果实有 1 或 4 颗种子状小坚果................. 125. 紫草科 Borraginaceae

179. 果实为蒴果或浆果 180

180. 子房 3 室，具 3 个柱头，着生齿轮状花盘上 ....
....113. 花荵科 Polemoniaceae

180. 子房非 3 室而为 2~4 室或不完全的 1~4 室 181

181. 种子通常 4 颗；花冠漏斗状或近轮状；果实多为蒴果...........
.... 126. 旋花科 Convolvulaceae

181. 种子多数，花冠筒状或近辐射状，果实多为浆果或蒴果 ....
.... 127. 茄科 Solanaceae

182. 子房 4 裂；果实为 4 个小坚果；花轮生；茎 4 棱形 ....
.... 132. 唇形科 Labiatae

182. 子房不 4 裂.. 183

183. 雄蕊 2 枚；乔木或灌木；叶对生，稀互生........ 128. 木犀科 Oleaceae

183. 雄蕊 4 枚；草本；叶通常互生，稀对生.. 131. 玄参科 Scrophu1ariaceae

184. 子房 4 裂，每室有 1 颗胚珠；花序为轮伞状。茎 4 棱形... 132. 唇形科 Labiatae

184. 子房不 4 裂，每室有 2 至多数胚珠.................................. 185

185. 子房 1 室.. 186

185. 子房 2 至多室.. 187

186. 无叶寄生草本，植株黄褐色，肉质........ 134. 列当科 Orobanchaceae

186. 食虫植物，叶全缘或细裂，有时在叶的裂片间有捕虫囊.. 狸藻科 Lentibulariaceae

187. 种子有大翅；蒴果长；乔木或大藤本........ 131. 紫葳科 Bignoniaceae

187. 种子有或无大翅；草本或灌木.................. 188

188. 种子少数，生于钩状的中轴上，花常有显著苞片.. 130. 爵床科 Acanthaceae

188. 种子多数，不生于钩状中轴上.................. 189

189. 种子无大翅，有胚乳；蒴果短............ 131. 玄参科 Strophulariaceae

189. 种子有大翅，无胚乳；蒴果狭长............ 136. 紫葳科 Bignoniaceae

190. 攀缘植物，有卷须；花单性；雄蕊合生，常 3 枚，稀 4 枚或 5 枚而分离；子房具侧膜胎座；种子多数，横生........ 69. 葫芦科 Cucurbitaceae

190. 直立或攀缘植物，无卷须，花多为两性；种子通常不横生........ 191

191. 雄蕊分离.. 192

191. 雄蕊以花药连合成环状包围花柱............................ 198

192. 雄蕊 5~12 枚，子房 3~5 室；花柱 3~5 个，分离；花成有梗的头状花序.................................. 142. 五福花科 Adoxaceae

192. 雄蕊 5 枚，稀 1~4 枚.................................. 193

193. 雄蕊与花冠分离或近分离；果实为蒴果或浆果，顶端常有不脱落的花萼.................................. 140. 桔梗科 Campanu1aceae

193. 雄蕊插生花冠上.. 194

194. 雄蕊 1~4 枚，较花冠裂片少............................ 195

194. 雄蕊 4~5 枚，与花冠裂片同数............................ 196

195. 子房 3 室，花冠管基部常有囊或距；花序无总苞....................

………………………… 144. 败酱科 Valerianaceae（合并至忍冬科）

195. 子房 1 室；花冠管基部无距；花序有显著总苞…………………………
………………………… 144. 山萝卜科 Dipsacaceae（合并至忍冬科）

196. 子房 2～5 室……………………………………………………… 197

196. 子房 1～3 室；花成紧密有总苞的头状花序或聚伞花序，有副萼………
………………………… 144. 山萝卜科 Dipsacaceae（合并至忍冬科）

197. 叶对生，无或有微小托叶………………… 144. 忍冬科 Caprifoliaceae

197. 叶对生，有显著托叶，或轮生而无托叶……… 121. 茜草科 Rubiaceae

198. 花不成头状花序；子房 2～5 室，有多数胚珠；果实为蒴果或浆果….
……………………………………… 140. 桔梗科 Campanulaceae

198. 花成紧密有总苞的头状花序；子房 1 室，每室有 1 颗胚珠，果实为瘦
果………………………………………… 141. 菊科 Asteraceae

（四）单子叶植物分科检索表

1. 水生植物，叶沉水中或浮于水面上………………………………… 2
1. 陆生或浅水沼泽生植物……………………………………………… 7
2. 植物体弱，微小，不过 2cm，为无茎而浮水面或略沉没水中的叶状体….
………………… 11. 浮萍科 Lemnaceae（合并至天南星科 Araceae）
2. 植物体具茎和叶，叶有时呈片状……………………………………… 3
3. 花具花被………………………… 13. 水鳖科 Hydrocharitaceae
3. 花无花被或具不显著的鳞片状或刚毛状的花被………………………… 4
4. 花单性，排列成紧密顶生头状花序或头状的穗状花序………………… 6
4. 花两性或单性，排成穗状花序………………………………………… 5
5. 完全水生植物；花被缺如；雄蕊 1～4 枚…………………………
………………………………… 14. 眼子菜科 Potamogetonaceae
5. 沼泽生植物；花被通常 6 个，雄蕊 6 枚……………………………
………………………………… 冰沼草科(芝菜科)Scheuchzeriaceae
6. 叶茎生，花被片萼片状，果为核果状…………………………………
………………… 28. 黑三棱科 Sparganiaceae（合并至香蒲科 Typhaceae）
6. 叶大部基生，花被有花萼和花冠之分；果为蒴果…………………………

……………………………………… 29. 谷精草科 Eriocaulaceae

7. 乔木，干不分枝，或灌木或攀缘藤本，叶大，革质，掌状分裂或小形，不分裂时基部呈耳状浅裂 …………………………………………………… 8

7. 草本或具茎节间中空的木质灌木……………………………………………… 9

8. 直立棕榈型小乔木；叶掌状或羽状分裂；花序具佛焰苞…………………………
………………………………………………………… 25. 棕榈科 Arecaceae

8. 丛生半灌木或攀缘藤本，茎有时具钩状皮刺；叶不分裂，有时基部有耳状圆裂………………………………………………… 19. 百合科 Liliaeeae

9. 禾草类或禾草状植物；茎有节；花集成小穗状，小穗下为颖片所包；无花被或花被仅为鳞片状、刺毛状，子房上位，1 室，内含1胚珠…… 10

9. 非禾草状植物（灯心草科例外）……………………………………………… 11

10. 秆通常圆柱形，极多数为中空；叶 2 列互生；叶鞘通常开裂；花药丁字型着生；果为颖果……………………………… 32. 禾本科 Poaceae

10. 秆多呈三棱形，心实；茎生叶 3 行排列，叶鞘封闭，花药基着；果实为瘦果 ………………………………………………31. 莎草科 Cyperaeeae

11. 子房上位或半下位 ……………………………………………………… 12

11. 子房下位 ………………………………………………………………… 20

12. 心皮二至数个，分离；花具显然的花萼与花冠………………………… 13

12. 心皮1个或心皮数个合生 ……………………………………………… 14

13. 花序圆锥状或总状；心皮集为头状，子房具 1～2 胚珠………………………
………………………………………………… 12.泽泻科 Alismataceae

13. 花序伞形，子房具多数胚珠 ………………………… 花蔺科 Butomaceae

14. 花被为颖片状；花序为聚伞状………………… 30. 灯心草科 Juneaceae

14. 花被不为颖片状 ………………………………………………………… 15

15. 花被缺或不明显，雌雄同株；叶长线形、戟形或卵形……………… 16

15. 花被呈花瓣状或萼片、花瓣区别明显 …………………………………… 18

16. 花序肉穗状，通常具彩色的佛焰苞；叶戟形、卵形至掌状深裂，具网状脉…………………………………………11.天南星科 Araeeae

16. 叶线形，具并行脉；佛焰苞不具彩色…………………………………… 17

17. 花序为球形头状 …………………………………………………………
………………… 28. 黑三棱科 Sparganiaceae（合并至香蒲科 Typhaceae）

17. 穗状花序为棒状，雄花居上部，雌花居下部........ 28. 香蒲科 Typhaeeae

18. 花被为花瓣状 19

18. 萼片与花瓣区别明显，叶互生，基部具鞘..................................
　　　.. 26. 鸭跖草科 Commelinaceae

19. 花被不整齐；雄蕊不同形，沼生植物 ...... 27. 雨久花科 Pontederiaceae

19. 花被整齐；雄蕊同形，陆生植物...................... 19. 百合科 Liliaceae

20. 花单性，攀缘藤本......................... 15. 薯蓣科 Dioscoreaceae

20. 花两性，直立草本 21

21. 花辐射对称 22

21. 花两侧对称 24

22. 退化雄蕊显著，呈花瓣状，能育雄蕊仅 1 枚，具 1 药室 ....
　　　... 美人蕉科 Cannaceae

22. 无退化雄蕊 23

23. 雄蕊 6 枚；叶基部不互相套折 .... 23. 石蒜科 Amaryllidaceae

23. 雄蕊 3 枚；叶基部两侧压扁，套折叶鞘 .... 21. 鸢尾科 Iridaceae

24. 能育雄蕊 5 枚 .... 芭蕉科 Musaceae

24. 能育雄蕊 1～2 枚 25

25. 能育雄蕊 1 枚 26

25. 能育雄蕊 1～2 枚，花被片之一形成唇瓣，花粉粒形成花粉块，雄蕊和
　　　雌蕊形成合蕊柱................................... 20. 兰科 Orchidaceae

26. 花药 2 室，萼管状或佛焰苞，叶披针形.............. 姜科 Zingiberaceae

26. 花药 1 室，着生在花瓣状的花丝上；叶卵状长圆形........................
　　　... 美人蕉科 Cannaceae

（五）秦岭常见被子植物（按 APG Ⅳ 分类系统）

被子植物

早期被子植物 ANA

　　APG Ⅳ 系统中，早期被子植物（ANA Grade）包括三个目，分别为无油樟目 Amborellales，睡莲目 Nymphaeales 和木兰藤目 Austrobaileyales，ANA 就是三个目名称首字母的组合。ANA 以心皮边缘通常被分泌物密封为特征。心皮具有独特管状的发育模式。无油樟属（Amborella）缺少导管，而大多

数睡莲科植物要么缺少导管，要么具有特殊的管胞状的导管。其中，无油樟目 Amborellales 最原始，仅有 1 科 1 属 1 种，即无油樟（*Amborella trichopoda*），又名互叶梅，只生长在新喀里多尼亚，是现存被子植物中已知最早和其他被子植物分开演化的。秦岭地区分布有睡莲目中的睡莲科 Nymphaeaceae 和木兰藤目中的五味子科 Schisandraceae（包含八角科）。

1. 睡莲科 Nymphaeaceae

水生草本；无形成层，有通气组织，有根状茎，叶盾形或心形；花大，单生，花被片 4～12 枚，雄蕊 3 至多数，4 核胚囊，种子有盖，具外胚乳；具黏液；果实埋于海绵质的花托内或果为浆果状。

睡莲 *Nymphaea tetragona* Georgi，Bemerk.；王莲 *Victoria regia* Lindl.

2. 五味子科 Schisandraceae

藤本；单叶互生，无托叶；孤生导管；花单性；花被片多于 10 枚，雄

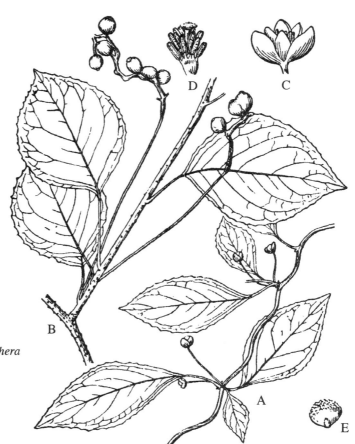

图 7-7
五味子科 Schisandraceae
华中五味子 *Schisandra sphenanthera*
A.花枝
B.果枝
C.雄花
D.雄花去花萼、花瓣后,示雄蕊
E.种子

蕊多数，雌蕊约 9 枚；4 核胚囊；聚合果呈球果状或散生于极延长的花托上；种子藏于肉质果肉内。

华中五味子 *Schisandra sphenanthera* Rehd. et Wils. 1（2）: 341（图 7-7）

木兰类 Magnoliids

木兰类是除 ANA 外，既非单子叶植物，也非真双子叶植物的一个单系群。木本；真中柱；单叶，宿存，全缘。花部离生，孢子叶球状，完全花，花被（P）多样，常为三基数，微弱分化，雄蕊花丝较宽单沟型花粉，雌蕊离生（通常花柱短）。包括 4 个目，18 个科，秦岭分布 5 个科（图 7-8）。

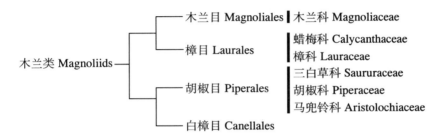

图 7-8
木兰类植物 Magnoliids

3. 三白草科 Saururaceae

多年生草本；单叶互生；花小，无花被，集成穗状或总状花序，下有大型白色苞片似花瓣，雄蕊 3~8；心皮 3~5。蒴果或分果（图 7-9）。

三白草 *Saururus chinensis*（Lour.）Baill. 1（2）: 10；蕺菜 *Houttuynia cordata* Thunb. 1（2）: 11

4. 胡椒科 Piperaceae

叶常具辛辣味，离基三出脉；花小，多单性，裸花无花被，子房上位，1 室，1 胚珠，核果。

5. 马兜铃科 Aristolochiaceae

草本或藤本；叶常心形；花两性，常具腐肉气，花被通常单层、合生、3 裂，子房下位或半下位；蒴果（图 7-10）。

北马兜铃 *Aristolochia contorta* Bge.；马兜铃 *Aristolochia debilis* Sieb. et Zucc.；关木通 *Aristolochia manshuriensis* Komar.；汉中防己 *Aristolochia heterophylla* Hemsl.；寻骨风 *Aristolochia mollissima* Hance；马蹄香 Saruma

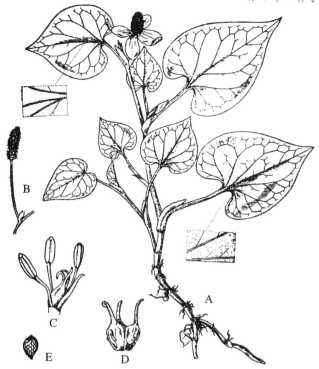

图 7-9
三白草科
蕺菜 *Houttuynia cordata*
A.植株全形
B.花序
C.花
D.果实
E.种子

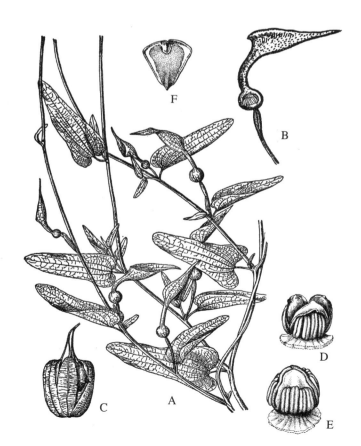

图 7-10
马兜铃科 Aristolochiaceae
马兜铃 *Aristolochia debilis*
A.花枝
B.去除一半花被和子房的花
C.果实
D.可授粉的柱头
E.花粉释放期间的柱头
F.种子

henryi Oliv.；对叶细辛 *Asarum caulescens* Maxim.；毛细辛 *Asarum himalaicum* Hook. f. et Thoms. ex P. Duch.；铜钱细辛 *Asarum debile* Franch.；细辛 *Asarum sieboldii* Miq.

6. 木兰科 **Magnoliaceae**

木本；单叶互生，托叶包被幼芽，早落，节上留下托叶环；花单生，花被 3 基数，同被，雄蕊和雌蕊多数，螺旋状着生于突起的花托上；蓇葖果（图 7-11）。

厚朴 *Magnolia officinalis* Rehd. et Wils.；玉兰 *Magnolia denudata* Desr.；朱砂玉兰 *Magnolia diva* Stapf apud Millais；木兰 *Magnolia liliflora* Desr.；

图 7-11
木兰科 Magnoliaceae
玉兰 *Magnolia denudata*
A. 花枝　B. 果枝　C. 雌蕊群及锥形花托　D. 雄蕊背、腹面　E. 木兰科花图式

望春玉兰 *Magnolia biondii* Pamp.

7. 蜡梅科 Calycanthaceae

花被多数，螺旋状排列，心皮多数，分离，生于一空壶形的花托内，聚合瘦果（图 7-12）。

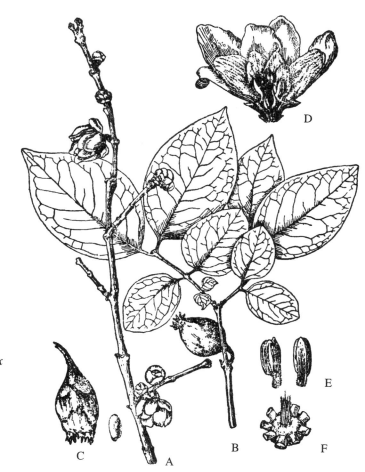

图 7-12
蜡梅科 Calycanthaceae
蜡梅 *Chimonanthus praecox*
A. 花枝
B. 果枝
C.果实
D.花
E.雄蕊背、腹面
F.雌蕊

蜡梅 *Chimonanthus praecox*（Linn.）Link

8. 樟科 Lauraceae

木本；全株具油腺，芳香；单叶互生，花小，花部常 3 基数，花被 2 轮；雄蕊 3～4 轮，其中最内 1 轮退化，花药瓣裂；核果，种子 1（图 7-13）。

樟 *Cinnamomum camphora*（L.）presl；山胡椒 *Lindera glauca*（Sieb. et Zucc.）Bl.；三桠乌药 *Lindera obtusiloba* Bl.；狭叶山胡椒 *Lindera angu-*

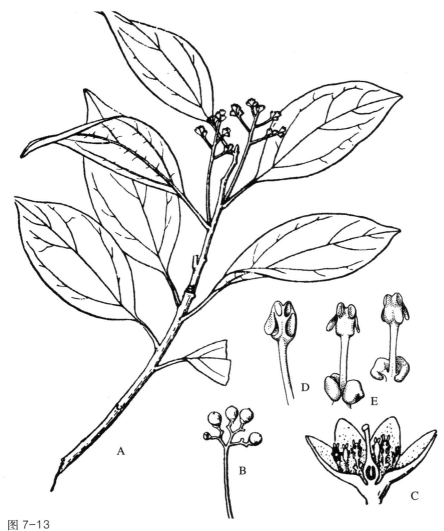

图 7-13

樟科 Lauraceae

樟 *Cinnamomum camphora*

A. 花枝   B. 果序   C. 花纵剖面   D. 第一轮雄蕊，向内开裂的瓣片

E. 第三轮雄蕊中的士枚，每枚具体 2 个腺体，花药沿着内向和侧向的瓣片开裂

stifolia Cheng；卵叶木姜子 *Litsea fruticosa*（Hemsl.）Gamb.；木姜子 *Litsea pungens* Hemsl.；四川木姜子 *Litsea szechuanica* C. K. Allen

9. 金粟兰科 Chloranthaceae

草本或灌木；节部膨大，单叶对生；常为顶生穗状花序，花小，无花被，基部具 1 苞片；雄蕊 1~3 合生成一体，药隔发达；雌蕊单心皮，子房

下位；核果。

银线草 *Chloranthus japonicus* Sieb.；多穗金粟兰 *C. multistachys* Péi；湖北金粟兰 *C. hupehensis* Pamp.

单子叶植物 Monocots

多为草本；散生中柱（散生维管束），无次生生长，合轴分枝，具不定根；叶具平行脉，全缘，无腺齿。花为五轮列，花被片（P）3 基数；雄蕊与花被片对生，花丝纤细，花药着生面广，单沟型花粉，子房间隔处具蜜腺；子叶单枚。包括 11 目，77 科。秦岭分布 20 余科（图 7-14）。

10. 菖蒲科 Acoraceae

多年生常绿草本；根茎匍匐，含芳香油；叶二列、无柄，基生，狭窄，剑形；佛焰苞和叶片同色、同形；佛焰苞很长部分与花序柄合生；花两性，有花被；子房 2~3 室，每室有胚珠 2 或更多，浆果长圆形，红色，藏于宿存花被之下。

石菖蒲 *Acorus gramineus* Soland 1（1）: 277；白菖蒲 *A. calamus* Linn.

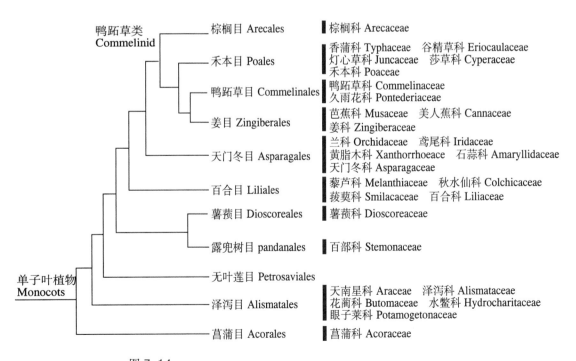

图 7-14
单子叶植物 Monocots

1（1）：277

11. 天南星科 Araceae

草本，具有地下茎或球茎；特化细胞中含有草酸钙针晶和相关的化学物质，食用后会对人的舌有刺痒或灼热感的汁液；叶互生，螺旋排列中或2列，佛焰花序；浆果（图7-15）。

偏叶天南星 *Arisaema lobatum* Engl. var. *rosthornianum* Engl. 1（1）：

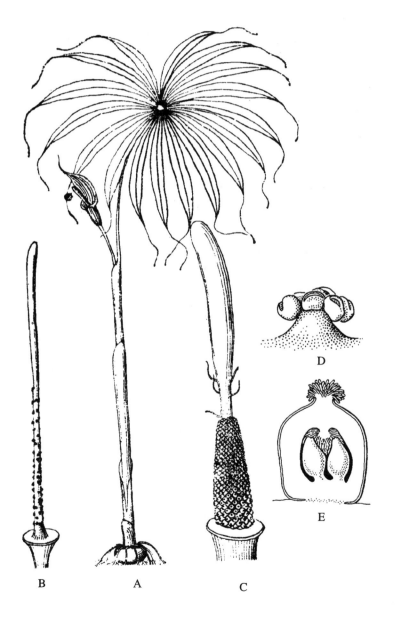

图 7-15
天南星科 Araceae
天南星 *Arisaema con-sanguineum*
A.植株
B.雄花序,去佛焰苞
C.雌花序,去佛焰苞
D.雄花
E.雌花纵切面,示胚珠

281；象天南星 *A. elephas* S. Buchet 1（1）：281；天南星 *A. consanguineum* Schott 1（1）：283；细齿天南星 *A. serratum*（Thunb.）Schott 1（1）：286

12. 泽泻科 Alismataceae

水生或沼泽生草本；花在花轴上轮，状排列，外轮花被萼状。

东方泽泻 *Alisma plantago-aquatica* Linn. var. orientale Sam. 1（1）：48；华夏慈姑 *Sagittaria trifolia* Linn. var. *sinensis*（Sims）Makino 1（1）：50

13. 水鳖科 Hydrocharitaceae

沉水或浮水草本；淡水或海水生（泰来藻属、海菖蒲属、喜盐草属）；茎短缩直立，单叶线形或阔；花多单性辐射对称，排列于一佛焰苞或 2 苞片内；子房下位，有 2~15 枚心皮，1 室侧膜，花柱 2~5，再常分裂为 2；果肉果状，果实腐烂开裂。

水鳖 *Hydrocharis dubia*（Bl.）Backer，Handb. 1（1）：52；黑藻 *Hydrilla verticillata*（Linn. f.）Royle

14. 眼子菜科 Potamogetonaceae

水草本，茎细弱，分枝；沉水叶薄，出水叶革质，基部有鞘；花小两性 4 数，腋生穗状花序；果核果状，果皮的外层含有空气，以便借此散播。

菹草 *Potamogeton crispus* L. 1（1）：43；眼子菜 *Potamogeton distinctus* A. Benn. 1（1）：45

15. 薯蓣科 Dioscoreaceae

缠绕草本；具有粗的根状茎或大的块茎状膨胀结构；叶具基出掌状脉，并有网脉；叶柄的上部和下部通常有叶枕。花单性；花被 6；雄蕊 6；心皮 3，合生；子房下位；蒴果有 3 翅或浆果。

穿龙薯蓣 *Dioscorea nipponica* Makino 1（1）：381；盾叶薯蓣（黄姜）*Dioscorea zingiberensis* C. H. Wright 1（1）：382；薯蓣 *Dioscorea oppesita* Thunb. 1（1）：382；黄独 *Dioscorea bulbifera* Linn. 1（1）：383（图 7—16）

16. 藜芦科 Melanthiaceae

多年生草本；根茎短而厚；茎具叶，基部常有残存叶鞘裂成纤维状；叶通常阔，抱茎。有强脉而具折；花绿白色或暗紫色，两性或杂性，具短柄，排成顶生的大圆锥花序；花被片 6，宿存；雄蕊 6，与花被片对生，花丝丝状，花药心形，药室贯连；子房上位，3 室；花柱 3，宿存；果为一膜裂的蒴果，3 裂，每室有种子数颗。

图 7-16

薯蓣科 Dioscoreaceae

薯蓣 *Dioscorea oppesita*

A. 雄枝　B. 果枝　C. 雌花　D.雌花顶面观　E. 雄花顶面观　F.雄花　G.根状茎

　　　　黎芦属 *Veratrum*　　黎芦 *V. nigrum* Linn. 1（1）: 355

　　　　延龄草属 *Trillium*　　延龄草 *T. tschonoskii* Maxim. 1（1）: 352

　　　　重楼属 *Paris*　　北重楼 *P. verticillata* Rieb. 1（1）: 353；重楼 *P. polyphylla* Smith 1（1）: 354

17. 秋水仙科 Colchicaceae

草本；鳞茎近球形，株高 20～30 cm；叶近基生，阔披针形至卵状披针形，全缘；花自叶丛中抽出，花单生，淡紫红色；花期 4 月，其花丝贴生于花冠筒壁上；子房在鳞茎内部，花后第二年结果，果实为蒴果。

万寿竹属 *Disporum*　　宝铎草 *D. sessile*（Thunb.）D. Don 1（1）：351；山竹花 *D. cantoniense*（Lour.）Merr. 1（1）：351

18. 菝葜科 Smilacaceae

攀缘状灌木；叶掌状脉，叶柄两侧常有卷须；花单性异株，伞形花序；花被片 6，2 列而分离，或外轮的合生成一管而内轮的缺；雄蕊常 6，花丝分离（菝葜属）或合生成一柱（肖菝葜属）；上位子房 3 室，雌花中有退化雄蕊；浆果（图 7－17）。

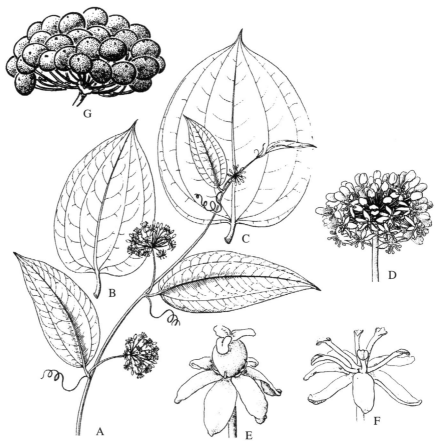

图 7－17
菝葜科 Smilacaceae
牛尾菜 *Smilax riparia*
A. 具花序的枝,示具卷须的叶　B,C. 不同叶片形状　D. 伞形的雄花序　E.雌花　F.雄花　G.果序

菝葜属 *Smilax* 牛尾菜 *S. riparia* A. DC. 1（1）：315；鞘柄菝葜 *S. stans* Maxim 1（1）：316；土茯苓 *S. glabra* Roxb. 1（1）：318；托柄菝葜 *S. discotis* Warb. 1（1）：319；粉菝葜 *S. glauco-china* Warb. 1（1）：321

19. 百合科 Liliaceae

花 3 基数，子房上位，中轴胎座；蒴果或浆果（图 7-18）。

油点草属 *Tricyrtis* 油点草 *T. Macropoda* Miq. 1（1）：335；宽叶油点草 *T. latifolia* Maxim. 1（1）：335

七筋菇属 *Clintonia* 七筋菇 *C. udensis* Trautv. et Meyer 1（1）：328

洼瓣花属（罗蒂属）*Lloydia* 尖果洼瓣花（秃蕊罗蒂）*L. oxycarpa*

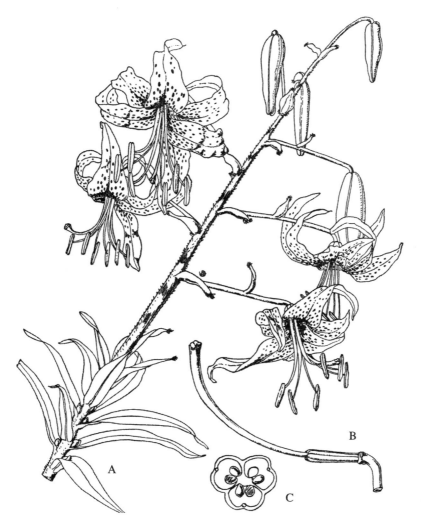

图 7-18
百合科 Liliaceae
卷丹 *Lilium tigrinum*
A. 开花的植株
B. 雌蕊
C. 子房横切面

1（1）：360；紫斑洼瓣花（兜瓣萝蒂）*L. ixiolirioides* Baker 1（1）：360

假百合属 *Notholirion*　太白米 *N. hyacinthinum*（Wils.）Stapf. 1（1）：361

大百合属 *Cardiocrinum*　大百合 *C. giganteum*（Wall.）Makino 1（1）：363

贝母属 *Fritillaria*　太白贝母 *F. taipaiensis* P. Y. Li 1（1）：356

百合属 *Lilium*　绿花百合 *L. fargesii* Franch. 1（1）：364；百合 *L. brownii* F. E. Brown var. *colchesteri*（Wallace ex Van Houtte）Wilson ex Stapf 1（1）：364；卷丹 *L. tigrinum* Ker-Gawl. 1（1）：365；山丹花 *L. leichtlinii* Hook. f. var. *maximowiczii*（Regel）Baker 1（1）：366；川百合 *L. davidi* Duchartre 1（1）：367；细叶百合 *L. tenuifolium* Fisch. 1（1）：367

20. 兰科 Orchidaceae

草本；须根附生有肥厚的根被；花左右对称，有唇瓣，雄蕊和雌蕊合生成合蕊柱，花粉结合成花粉块，子房下位；蒴果；种子极多，微小（图7-19）。

山珊瑚属 *Galeola*　毛萼山珊瑚 *G. lindleyana*（Hook. f. et Thoms.）Reichb. 1（1）：416

杓兰属 *Cypripedium*　扇叶杓兰 *C. japonicum* Thunb. 1（1）：395；毛杓兰 *C. franchetii* Wilson. 1（1）：396；黄花杓兰 *C. flavium* Hunt et Summerh 1（1）：397；大花杓兰 *C. macranthum* Sw. 1（a）：34

兜蕊兰属 *Androcorys*　兜蕊兰 *A. ophioglossoides* 1（1）：410

红门兰属 *Orchis*　库莎红门兰 *O. chusua* D. Don 1（1）：397

凹舌兰属 *Coeloglossum*　凹舌兰 *C. viride*（L.）Hartm. 1（1）：402

舌唇兰属 *Platanthera*　舌唇兰 *P. japonica*（Thunb.）Lindl. 1（1）：402

绶草属 *Spiranthes*　绶草 *S. sinensis*（Pers.）Ames 1（1）：419

头蕊兰属 *Cephalanthera*　银兰 *C. erecta* Lindl. 1（1）：414

火烧兰属 *Epipactis*　火烧兰 *E. mairei* Schltr. 1（1）：413；小花火烧兰 *E. helleborine*（Linn.）Crantz 1（1）：413

天麻属 *Gastrodia*　天麻 *G. elata* Blume. 1（1）：418

图 7-19
兰科 Orchidaceae
蕙兰 *Cymbidium faberi*
A. 开花的植株　B.花　C.唇瓣　D.合蕊柱与子房　E.合蕊柱　F.花药

　　　　白及属 *Bletilla*　　白及 *B. striata*（Thunb.）Reichb. 1（1）：418

　　　　独蒜兰属 *Pleione*　　独蒜兰 *P. bulbocodioides*（Franch.）Rolfe 1（1）：424

　　　　羊耳蒜属 *Liparis*　　羊耳蒜 *L. japonica* Maxim. 1（1）：422

　　　　兰属 *Cymbidium*　　春兰 *C. goeringii*（Rchb. f.）Rchb. f；蕙兰 *C.*
faberi Rolfe

　　　　布袋兰属 *Calypso*　　布袋兰 *C. bulbosa*（Linn.）Oakes 1（a）：62

　　　　杜鹃兰属 *Cremastra*　　杜鹃兰 *C. mitrata* A. Gr 1（1）：431

　　　　珊瑚兰属 *Corallorhiza*　　珊瑚兰 *C. trifida* Chat. 1（1）：425

　　　　虾脊兰 *Calanthe*　　流苏虾脊兰 *C. fimbriata* Franch. 1（1）：428

21. 鸢尾科 Iridaceae

　　多年生草本；具地下茎变态茎，叶常生于地上茎上，二列，常条形，有叶鞘；花由鞘状苞片内抽出，常大而有美丽的斑点，子房下位，蒴果 3 室，背裂。

　　　　鸢尾属 *Iris*　　蝴蝶花 *I. japonica* Thunb. 1（1）：385；鸢尾 *I. tectorum* Maxim. 1（1）：386；马蔺 *I. lactea* Pall. var. *chinensis* Koidz. 1（1）：387

　　　　射干属 *Belamcanda*　　射干 *B. chinensis*（Linn.）DC. 1（1）：384

22. 黄脂木科 Xanthorrhoeaceae

　　多年生草本；具很短的根状茎；叶基生，二列，带状。花葶从叶丛中央抽出，顶端具总状或假二歧状的圆锥花序，花直立或平展，近漏斗状，下部具花被管；花被裂片 6；雄蕊 6，着生于花被管上端；花药背着或近基着；子房 3 室，每室具多数胚珠；花柱细长，柱头小；蒴果。

　　　　萱草属 *Hemerocallis*　　萱草 *H. fulva* Linn. 1（1）：331；野黄花菜 *H. flava* Linn. 1（1）：331；金针菜 *H. citrina* Baroni 1（1）：332

23. 石蒜科 Amaryllidaceae

　　多年生草本；具鳞茎和收缩根，叶近基生，通常二列；有限花序，由 1 或多个收缩的螺旋聚伞花序组成，看上去似伞形花序，被几个膜质、佛焰苞状的苞片所包被，顶生于花葶末端；花被片片 6，分离至合生，花瓣状同，无斑点；雄蕊 6，心皮 3，子房下位，中轴胎座，蒴果，背缝开裂，种皮通常有黑色或蓝色的壳。

　　　　葱属 *Allium*　　茖韭 *A. victorialis* Linn. 1（1）：370；卵叶韭 *A. ovalifolium* Hand. -Mzt. 1（1）：371；黄花韭 *A. chrysanthum* Regel 1（1）：

372；天蒜 *A. paepalanthoides* Airy-Shaw 1（1）：372；太白韭 *A. prattii* C. H. Wright 1（1）：375；天蓝韭 *A. cyaneum* Regel 1（1）：375；青甘野韭 *A. przewalskianum* Regel 1（1）：374

　　石蒜属 *Lycoris* 　忽地笑 *L. aurea*（L'Herit.）Herb. 1（1）：379；石蒜 *L. radiata*（L'Herit.）Herb. 1（1）：379

24. 天门冬科 Asparagaceae

　　根状茎长或短；茎直立或攀缘；叶茎生或退化成鳞片状；花排成总状花序、穗状花序、伞形花序或圆锥花序，顶生或腋生，较少单朵顶生；花被片6，花瓣状，离生或合生成筒；雄蕊6；心皮3，合生，子房上位，中

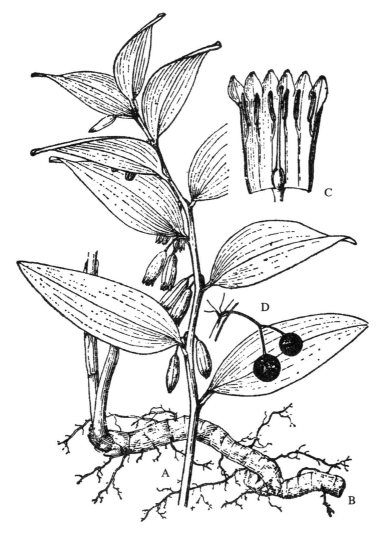

图 7-20
天门冬科 Asparagaceae
玉竹 *Polygonatum odoratum*
A. 开花的植株
B. 根状茎
C. 切开合生的花被片，示与花被片贴生的雄蕊
D. 果序

轴胎座；浆果，种子少数（图 7-20）。

　　绵枣儿属 *Scilla*　　绵枣儿 *S. sinensis*（Lour.）Merr. 1（1）：368

　　玉簪属 *Hosta*　　玉簪 *H. plantaginea*（Lam.）Aschers 1（1）：329；紫玉簪 *H. ventricosa*（Salisb.）Stearn 1（1）：330

　　天门冬属 *Asparagus*　　蕨叶天门冬 *A. filicinus* Buch. -Ham. ex D. Don 1（1）：322

　　山麦冬属 *Liriope*　　土麦冬 *L. spicata* Lour. 1（1）：333；阔叶土麦冬 *L. platyphylla* Wang et Tang 1（1）：333

　　沿阶草属 *Ophiopogon*　　麦冬沿阶草 *O. japonicus* Ker-Gawl. 1（1）：334；沿阶草 *O. bodinieri* Levl. 1（a）：29

　　开口箭属 *Tupistra*　　开口箭 *T. chinensis* Baker 1（1）：338

　　舞鹤草属 *Maianthemum*　　二叶舞鹤草 *M. bifolium*（Linn.）F. W. Schmidt 1（1）：348

　　鹿药属 *Smilacina*　　鹿药 *S. japonica* A. Gray 1（1）：349

　　管花鹿药属 *Oligobotrya*　　管花鹿药 *O. tubifera* Batalin 1（1）：349

　　黄精属 *Polygonatum*　　城口黄精 *P. cyrtonema* Hua 1（1）：342；玉竹 *P. odoratum*（Mill.）Druce 1（1）：343；轮叶黄精 *P. verticillatum*（Linn.）All. 1（1）：345；黄精 *P. sibiricum* Redouté. 1（1）：346；卷叶黄精 *P. cirrhifolium* Royle 1（1）：347；湖北黄精 *P. zanlanscianense* Pamp. 1（1）：347

鸭跖草类植物 Commelinids

　　鸭跖草类是单子叶植物的一个单系类群，细胞壁中含有阿魏酸或者香豆酸，在紫外线激发下有荧光。叶中具硅酸，表皮蜡质常为小棒状，聚合成扇形。包括棕榈目 Arecales、禾本目 poales、鸭跖草目 commelinales 和姜目 Zingiberales 4 个目。

25. 棕榈科 Arecaceae

　　木本；树干不分枝；叶常为羽状或扇形分裂，在芽中呈折扇状；肉穗花序。

　　棕榈 *Trachycarpus fortunei*（Hook. f.）H. Wendl. 1（1）：275

26. 鸭跖草科 Commelinaceae

　　草本，有时肉质，发达的茎在节部略膨大。叶互生，2 列或螺旋生长在茎上，单叶，通常在芽中沿中脉对折，叶鞘基部闭合；双被花，萼片 3，常

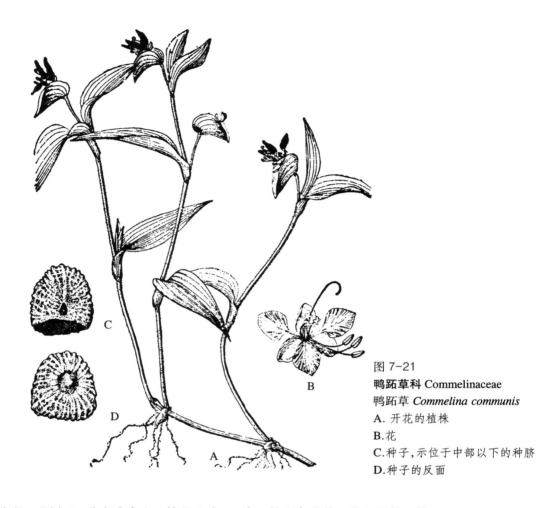

图 7-21

鸭跖草科 Commelinaceae

鸭跖草 *Commelina communis*

A. 开花的植株

B.花

C.种子,示位于中部以下的种脐

D.种子的反面

分离；花瓣 3，分离或合生；雄蕊 6 或 3，常 3 枚发育成熟，花丝细长；雌蕊 3，合生，子房上位；蒴果；种子具有明显的圆锥状盖（图 7-21）。

竹叶子 *Streptolirion volubile* Edgew. 1（1）：293；鸭跖草 *Commelina communis* Linn. 1（1）：294

27. 雨久花科 Pontederiaceae

多年生或一年生的水生或沼泽生草本，直立或飘浮；具根状茎或匍匐茎，富于海绵质和通气组织；叶通常二列，大多数具有叶鞘和明显的叶柄。花序为顶生总状、穗状或聚伞圆锥花序，具 2 枚苞片；花两性，辐射对称或两侧对称；花被片 6 枚，排成 2 轮，花瓣状，鲜艳，不同程度合生；雄蕊多数为 6 枚，2 轮，花丝贴生着于花被管上，通常不等长；雌蕊由 3 心皮组成；子房上位，3 室，中轴胎座；花柱 1，头状或 3 裂。蒴果室背开裂或坚果，为宿存的花被管基部所包围。

　　<u>雨久花属 *Monochoria*</u>　雨久花 *M. korsakowii* Regel et Maack　1（1）：296；鸭舌草 *M. vaginalis* Presl　1（1）：297

　　<u>凤眼莲属 *Eichhornia*</u>　凤眼莲 *E. crassipes* Solms-Laub.　1（1）：298

28. 香蒲科 Typhaceae

多年生沼生草本，有伸长的根状茎，上部出水。叶直立，长线形，常基出；花单性，成狭长的肉穗花序，雄花集生上方，雌花集生下方，花被成刚毛；雄花有 2～5 雄蕊，花丝分离或结合，雌花具 1 雌蕊，子房由 1 心皮所成，1 室，有 1 下垂胚珠；果实为小坚果，被丝状毛或鳞片（图 7-22）。

　　<u>黑三棱属 *Sparganium*</u>　黑三棱 *S. stoloniferum* Buch. -Ham.　1（1）：41

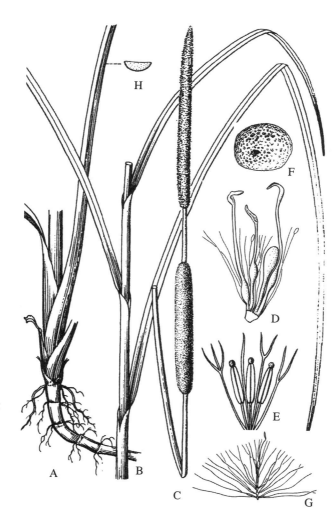

图 7-22
香蒲科 Typhaceae
水烛 Typha angustifolia
A.植株基部
B.植株上部
C.花序，雄花在上，雌花在下
D.雌花
E.雄花
F.花粉
G.成熟的果实
H.叶下部横切面

香蒲属 *Typha*　香蒲 *T. orientalis* Presl 1（1）: 37；宽叶香蒲 *T. latifolia* Linn. 1（1）: 38；水烛 *T. angustifolia* Linn. 1（1）: 38

29. 谷精草科 Eriocaulaceae

沼泽生或水生草本，叶狭，禾草状丛生；头状花序外有总苞包围，花序柄细长，不分枝，基部有鞘；花小，多数，单性，3 或 2 基数，花瓣顶端内侧常有棕黑色腺体，雄蕊常与花被同数，子房上位，常 3 室，每室有 1 枚从中轴悬垂的胚珠；蒴果。

赛谷精草 *Eriocaulon sieboldianum* Sieb. et Zucc. ex Steud. 1（1）: 291

30. 灯心草科 Juncaceae

湿生草本；茎多簇生，叶基生或同时茎生，常具叶耳；花 2 基数，蒴果 3 瓣裂。

地杨梅属 *Luzula*　散穗地杨梅 *L. effusa* Buchen. 1（1）: 299；

灯心草属 *Juncus*　小花灯心草 *J. lampocarpus* Ehrh. var. *senescens* Buchen. 1（1）: 309；灯心草 *J. effusus* Linn. 1（1）: 304；葱状灯心草 *J. allioides* Franch. 1（1）: 309；多花丝灯心草 *J. modicus* N. E. Brown 1（1）: 311；单枝丝灯心草 *J. luzuliformis* Franch. var. *potaninii* Buchen. 1（1）: 312；分枝丝灯心草 *J. luzuliformis* Franch. var. *modestus* Buchen. 1（1）: 312

31. 莎草科 Cyperaceae

草本；秆三棱形，实心，无节，叶三列，有封闭的叶鞘；花序小穗复合排列，花两性或单性，均生于苞片的腋内。花初具片如或常退化为 3～6 个鳞片、刚毛或丝毛，雄蕊 1～3；心皮 2～3，合生，子房上位，基底胎座；胚珠一枚；小坚果（图 7-23）。

扁穗草属 *Blysmus*　华扁穗草 *B. sinocompressus* Tang et Wang 1（1）: 205

藨草属 *Scirpus*　东方藨草 *S. orientalis* Ohwi 1（1）: 198；藨草 *S. triqueter* Linn. 1（1）: 201

苔草属 *Carex*　针苔草 *C. onoei* Franch. et Sav. 1（1）: 234；宽叶针苔草 *C. onoei* Franch. et Sav. f. latifolia Kükenth. 1（1）: 234；异穗苔草 *C. heterostachya* Bge. 1（1）: 273；硬苔草 *C. rigescens*（Franch.）Krecz. 1（1）: 236

嵩草属 *Kobresia*　嵩草 *K. graminifolia* Clarke 1（1）: 228；短轴嵩草

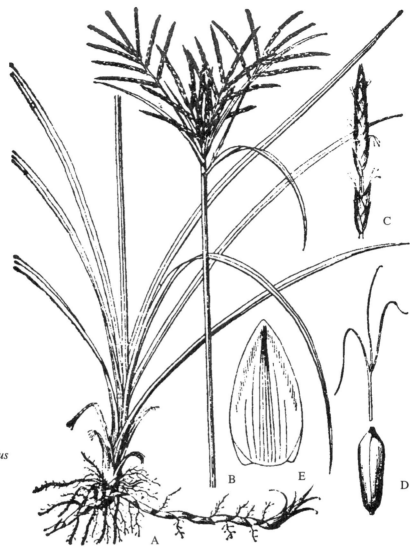

图 7-23
莎草科 Cyperaceae
莎草 *Cyperus rotundus*
A.植株
B.花序
C.小穗
D.果实
E.鳞片

K. prattii Clarke 1（1）: 228

飘拂草属 *Fimbristylis* 水虱草 *F. miliacea*（Linn.）Vahl 1（1）: 212

荸荠属 Heleocharis 荸荠 *H. dulcis*（Burm. f.）Trin. ex Henschel 1（1）: 206

莎草属 *Cyperus* 莎草 *C. rotundus* Linn. 1（1）: 216；球形莎草 *C. glomeratus* Linn. 1（1）: 217；碎米莎草 *C. iria* Linn. 1（1）: 217；小碎米莎草 *C. microiria* Steud. 1（1）: 218；阿穆尔莎草 *C. amuricus* Maxim. 1（1）: 219；直穗莎草 *C. orthostachys* Franch. et Sav. 1（1）: 219；扁穗

莎草 *C. compressus* Linn. 1（1）: 220

水蜈蚣属 *Kyllinga* 水蜈蚣 *K. brevifolia* Rottb. 1（1）: 227

扁莎草属 *Pycreus* 球穗扁莎草 *P. globosus*（All.）Reichb. 1（1）: 224

水莎草属 *Juncellus* 水莎草 *J. serotinus*（Rottb.）Clarke 1（1）: 222

32. 禾本科 Poaceae

多草本；秆圆柱形，中空，有节；叶二列，叶稍开裂；小穗由两列紧密重叠的基部苞片（颖片）和小花组成；颖果（图7—24）。

菰属 *Zizania* 菰 *Z. caduciflora*（Turcz. ex Trin.）Hand. -Mzt. 1（1）: 157

箭竹属 *Fargesia* （花桔竹属）华桔竹 *F. spathacea* Franch. 1（1）: 59；华西箭竹 *F. nitida*（Mitford）Keng f. ex Yi 1（1）: 59；秦岭箭竹 *F. qinlingensis* Yi et J. X. Shao 1（a）: 12

箬竹属 *Indocalamus* 阔叶箬竹 *I. latifolius*（Keng）McClure 1（1）: 57；秦岭箬竹 *I. scariosus* McClure 1（1）: 58

刚竹属 *Phyllostachys* 刚竹 *P. bambusoides* Sieb. et Zucc. 1（1）: 63；紫竹 *P. nigra*（Lodd.）Munro 1（1）: 64；淡竹 *P. nigra*（Lodd.）Munro var. *henonis*（Mitf.）Stapf ex Rendle 1（1）: 64

苦竹属 *Pleioblastus* 苦竹 *P. amarus*（Keng）Keng f. 1（1）: 60

臭草属 *Melica* 日本臭草 *M. onoei* Franch. et Sav. 1（1）: 91；甘肃臭草 *M. przewalskyi* Roshev. 1（1）: 92；臭草 *M. scabrosa* Trin. 1（1）: 92

针茅属 *Stipa* 疏花针茅 *S. penicillata* Hand. -Mzt. 1（1）: 148；甘肃针茅 *S. przewalskyi* Roshev. 1（1）: 148；长芒草 *S. bungeana* Trin. ex Bge. 1（1）: 149

直芒草属 *Orthoraphium* 大叶直芒草 *O. grandifolium*（Keng）Keng 1（1）: 150

细柄茅属 *Ptilagrostis* 太白细柄茅 *P. concinna*（Hook. f.）Roshev. 1（1）: 154；细柄茅 *P. mongholica*（Turcz.）Griseb. 1（1）: 155

芨芨草属 *Achnatherum* 短芒芨芨草 *A. breviaristatum* Keng et P. C. Kuo 1（1）: 151；异颖芨芨草 *A. inaequiglume* Keng 1（1）: 151；细叶芨芨草 *A. chingii*（Hitchc.）Keng 1（1）: 152；毛颖芨芨草 *A. pubicalyx*

图 7-24
禾本科 Poaceae
草地早熟禾 *Poa pratensis*
A.开花的植株
B.小花
C. 果实
D.小穗
E.节

（Ohwi）Keng 1（1）：153

　　落芒草属 *Oryzopsis*　钝颖落芒草 *O. obtusa* Stapf 1（1）：145；藏落芒草 *O. tibetica*（Roshev.）P. C. Kuo 1（1）：145；湖北落芒草 *O. henryi*（Rendle）Keng 1（1）：145；中华落芒草 *O. chinensis* Hitchc. 1（1）：146

　　雀麦属 *Bromus*　雀麦 *B. japonicus* Thunb. 1（1）：88；无芒雀麦 *B. inermis* Leyss. 1（1）：88

新麦草属 *Psathyrostachys* 华山新麦草 *P. huashanica* Keng 1（1）：99

披碱草属 *Elymus* 老芒麦 *E. sibiricus* Linn. 1（1）：96；垂穗披碱草 *E. nutans* Griseb. 1（1）：96；披碱草 *E. dahuricus* Turcz. 1（1）：97

鹅观草属 *Roegneria* 鹅观草 *R. kamoji* Ohwi 1（1）：106

野青茅属 *Deyeuxia* 糙野青茅 *D. scabrescens*（Griseb.）Munro ex Duthie 1（1）：136；华高野青茅 *D. sinelatior* Keng 1（1）：137；湖北野青茅 *D. hupehensis* Rendle 1（1）：137；野青茅 *D. sylvatica*（Schrad.）Kunth. 1（1）：137

三毛草属 *Trisetum* 穗三毛 *T. spicatum*（Linn.）Richt. 1（1）：120；三毛草 *T. bifidum*（Thunb.）Ohwi 1（1）：121；西伯利亚三毛草 *T. sibiricum* Rupr. 1（1）：121

羊茅属 *Festuca* 羊茅 *F. ovina* Linn. 1（1）：75

看麦娘属 *Alopecurus* 看麦娘 *A. aequalis* Sobol. 1（1）：131

早熟禾属 *Poa* 早熟禾 *P. annua* Linn. 1（1）：79；东亚早熟禾 *P. hisauchii* Honda 1（1）：79；草地早熟禾 *P. pratensis* Linn. 1（1）：81；林地早熟禾 *P. nemoralis* Linn. 1（1）：82；中华早熟禾 *P. sinattenuata* Keng 1（1）：84

芦苇属 *Phragmites* 芦苇 *P. communis*（Linn.）Trin. 1（1）：67

画眉草属 *Eragrostis* 画眉草 *E. pilosa*（Linn.）Beauv. 1（1）：72；大画眉草 *E. cilianensis*（All.）Link. ex Vign. -Lut. 1（1）：71

䅟属 *Eleusine* 蟋蟀草 *E. indica*（Linn.）Gaertn. 1（1）：117

狗牙根属 *Cynodon* 狗牙根 *C. dactylon*（Linn.）Pers. 1（1）：117

隐子草属 *Kengia* 糙隐子草 *K. squarrosa*（Trin.）Packer 1（1）：68；北京隐子草 *K. hancei*（Keng）Packer 1（1）：68

马唐属 *Digitaria* 马唐 *D. sanguinalis*（Linn.）Scop. 1（1）：165

稗属 *Echinochloa* 稗 *E. crusgalli*（Linn.）Beauv. 1（1）：168

燕麦 *Avena* 野燕麦 *A. fatua* Linn. 1（1）：124

狗尾草属 *Setaria* 狗尾草 *S. viridis*（Linn.）Beauv. 1（1）：161

狼尾草属 *Pennisetum* 狼尾草 *P. alopecuroides*（Linn.）Spreng. 1（1）：162

芒属 *Miscanthus* 荻 *M. sacchariflorus*（Maxim.）Hack. 1（1）：176；芒 *M. sinensis* Anderss. 1（1）：177

大油芒属 *Spodiopogon* 油芒 *S. cotulifer*（Thunb.）Hack. 1（1）：183；

分枝大油芒 *S. ramosus* Keng 1（1）: 183；大油芒 *S. sibiricus* Trin. 1（1）: 184

真双子叶植物 Eudicots

三沟型花粉；花部花萼/花冠/花被（P）与雄蕊对生，花丝略狭窄，花药为底着药；节间为三叶隙；气孔无规则型；无精油。包含了除 ANA 和木兰类外，传统分类系统中所有的双子叶植物类群，共 45 目，约 312 科。秦岭分布约 130 科（图 7-25）。

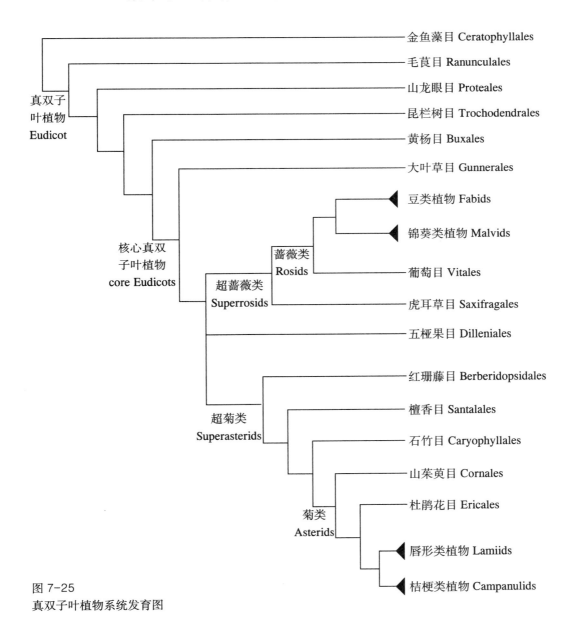

图 7-25
真双子叶植物系统发育图

33. 金鱼藻科 Ceratophyllaceae

多年生沉水草本；无根；茎漂浮，有分枝；叶 4～12 轮生。花单性，雌雄同株，单生叶腋，雌雄花异节着生；无花被；雄花有 10～20 雄蕊，花丝极短，花药外向，纵裂，药隔延长成着色的粗大附属物；雌蕊有 1 心皮，柱头侧生，子房 1 室，有 1 个悬垂直生胚珠，具单层珠被；坚果革质。

金鱼藻 *Ceratophyllum demersum* Linn. 1（2）：220

34. 领春木科 Eupteleaceae

单叶互生，托叶缺；花小，两性，无被簇生；花药比花丝长，红色；翅果一侧凹陷，下端明显渐细成子房柄。

领春木 *Euptelea pleiospermum* Hook. f. et Thoms. 1（2）：221

35. 罂粟科 Papaveraceae

草本，植物体有白或黄色汁液；叶常互生，螺旋状排列，单叶，无托叶；花萼 2 或 3，早落，花瓣 4 或 6，常在花芽内呈皱褶状，在展开时有皱纹；雄蕊多数，离生，侧膜胎座；蒴果；种子具假种皮（图 7-26）。

花菱草属 *Eschscholtzia*　花菱草 *E. californica* Cham. 1（2）：358

罂粟属 *Papaver*　野罂粟 *P. nudicaule* Linn. ssp. rubro-aurantiacum（DC.）Fedde 1（2）：364；虞美人 *P. rhoeas* Linn. 1（2）：364

绿绒蒿属 *Meconopsis*　五脉绿绒蒿 *M. quintuplinervia* Regel. 1（2）：362；柱果绿绒蒿 *M. oliveriana* Franch. et Prain ex Prain 1（2）：363

秃疮花属 *Dicranostigma*　秃疮花 *D. leptopodum*（Maxim.）Fedde 1（2）：359

血水草属 *Eomecon*　血水草 *E. chionantha* Hance 1（2）：357

博落回属 *Macleaya*　小果博落回 *M. microcarpa*（Maxim.）Fedde 1（2）：356

荷青花 *Hylomecon*　荷青花 *H. japonica*（Thunb.）Prantl 1（2）：361

金罂粟属 *Stylophorum*　四川金罂粟 *S. sutchuense*（Franch.）Fedde；

白屈菜属 *Chelidonium*　白屈菜 *C. majus* Linn.

角茴香属 *Hypecoum*　细果角茴香 *H. leptocarpum* Hook. f. et Thoms. 1（2）：365；角茴香 *Hypecoum erectum* Linn. 1（2）：366

荷包牡丹属 *Dicentra*　荷包牡丹 *D. spectabilis*（Linn.）Lem. 1（2）：366

图 7-26

罂粟科 Papaveraceae

白屈菜 *Chelidonium majus*

A.花和果枝

B.花

C. 雌蕊

D.蒴果,示宿存假隔膜

E.具假种皮的种子

紫堇属 *Corydalis* 山延胡索 *C. remota* Fisch. ex Maxim. var. *heteroclita* K. T. Fu 1（2）：367；铜锤紫堇 *Corydalis linarioides* Maxim. 1（2）：368；秦岭紫堇 *C. cristata* Maxim. 1（2）：369；秦岭弯花紫堇 *C. curviflora* Maxim. var. *giraldii* Fedde 1（2）：369；城口紫堇 *C. temulifolia* Franch. 1（2）：370；尖瓣紫堇 *C. acuminata* Franch. 1（2）：370；紫堇 *C. edulis* Maxim. 1（2）：371；倒卵果紫堇 *C. davidii* Franch. 1（2）：371；旱生紫堇 *C. adunca* Maxim. 1（2）：372；蛇果紫堇 *C. ophiocarpa* Hook. f. et Thoms. 1（2）：37

36. 星叶草科 Circaeasteraceae

一年生小草本；胚轴伸长成茎，两枚条形子叶在其下部宿存，在顶叶子簇生，叶为单叶楔形，顶部边缘有齿，具开放式二歧分枝的脉序；簇生于叶丛中央，很小；萼片 2～3，宿存；花瓣不存在；雄蕊 1～3，与萼片互生。心皮 1～3，分生，无花柱，柱头小，子房有 1 颗下垂的胚珠，受精后形成具钩状毛的瘦果。

星叶草 *Circaeaster agrestis* Maxim. 1（2）：277；独叶草 *Kingdonia uniflora* Balf. f. et W. W. Sm. 1（2）：276

37. 木通科 Lardizabalaceae

藤本；常掌状复叶互生；花单性，单生或总状花序，花部 3 基数，花药外向纵裂；肉质的蓇葖果或浆果（图 7-27）。

大血藤属 *Sargentodoxa* 大血藤 *S. cuneata* Rehd. et Wils. 1（a）：124

猫屎瓜属 *Decaisnea* 猫屎瓜 *D. fargesii* Franch. 1（2）：301

串果藤属 *Sinofranchetia* 串果藤 *S. chinensis*（Franch.）Hemsl. 1（2）：303

长萼木通属 *Archakebia* 长萼木通 *A. apetala*（Q. Xia, J. Z. Suen et Z. X. Peng）C. Y. Wu, T. Chen et H. N. Qin 1（a）：122

木通属 *Akebia* 三叶木通 *A. trifoliata*（Thunb.）Koidz. 1（2）：302

八月瓜属 *Holboellia*（牛姆瓜属） 大花牛姆瓜 *H. grandiflora* Reaub. 1（2）：306；五月瓜藤 *H. fargesii* Reaub. 1（2）：305；短柄牛姆瓜 *H. brevipes*（Hemsl.）P. C. Kuo 1（2）：304；鹰爪枫 *H. coriacea* Diels 1（2）：305

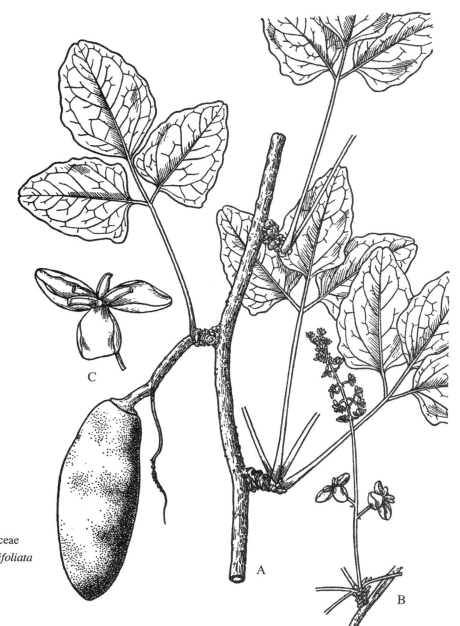

图 7-27
木通科 Lardizabalaceae
三叶木通 *Akebia trifoliata*
A.果枝
B.花序
C.雌蕊

38. 防己科 Menispermaceae

缠绕或攀缘藤本；幼茎具由宽髓射线分隔开的维管束，老茎常有异常次生生长，扁平；单叶互生，常为掌状叶脉；花单性异株，心皮 3~6 枚，离生；胚珠 2 枚，败育；聚合核果（图 7-28）。

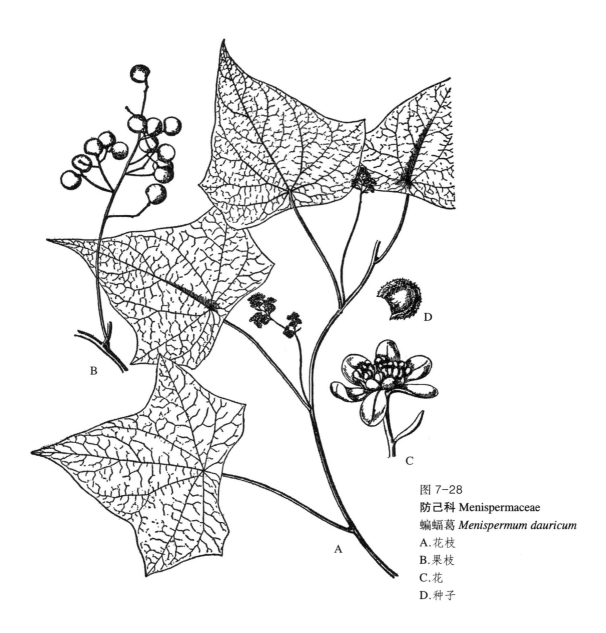

图 7-28

防己科 Menispermaceae

蝙蝠葛 *Menispermum dauricum*

A.花枝
B.果枝
C.花
D.种子

青牛胆属 *Tinospora* 青牛胆 *T. sagittata*（Oliv.）Gagnep. 1（2）：332

风龙属（汉防己属）*Sinomenium* 汉防己 *S. acutum*（Thunb.）Rehd. et Wils. var. *cinereum*（Diels）Rehd. et Wils. 1（2）：335

蝙蝠葛属 *Menispermum* 蝙蝠葛 *M. dauricum*（北山豆根）1（2）：334

木防己属（青藤属）*Cocculus* 青藤 *C. trilobus*（Thunb.）DC.

轮环藤属（白解藤属）*Cyclea* 白解藤 *C. racemosa* Oliv. 1（2）: 333
千金藤属 *Stephania* 金线吊乌龟 *S. cepharantha* Hayata 1（2）: 332

39. 小檗科 Berberidaceae

花单生或总状花序；花瓣常变为蜜腺，雄蕊与花瓣同数且与其对生，花药活板状开裂；浆果或蒴果（图 7–29）。

图 7-29
小檗科 Berberidaceae
南天竹 *Nandina domestica*
A.果枝
B.花枝
C.花
D.雄蕊
E.雌蕊

南天竹属 *Nandina*　南天竹 *N. domestica* Thunb. 1（2）：326

红毛七属 *Caulophyllum*　红毛七 *C. robustum* Maxim. 1（2）：328

小檗属 *Berberis*　疣枝小檗 *B. verruculosa* Hemsl. et Wils. 1（2）：309；瓦屋小檗 *B. gagnepainii* Schneid. var. *subovata* Schneid. 1（2）：309；假蚝猪刺 *B. soulieana* Schneid 1（2）：309；岷江小檗 *B. liechtensteinii* Schneid. 1（2）：310；小叶小檗 *B. wilsonae* Hemsl. 1（2）：312；秦岭小檗 *B. circumserrata*（Schneid.）Schneid.；黄花刺 *B. diaphana* Maxim. 1（2）：313；大黄檗 *B. francisci-ferdinandii* Schneid. 1（2）：313；陕西小檗 *B. shensiana* Ahrendt1（2）：314；小檗 *B. amurensis* Rupr. 1（2）：324

十大功劳属 *Mahonia*　阔叶十大功劳 *M. bealei*（Fort.）Carr.

淫羊藿属 *Epimedium*　短角淫羊藿 *E. brevicornu* Maxim.；柔毛淫羊藿 *E. pubescens* Maxim.；淫羊藿 *E. sagittatum*（Sieb. et Zucc.）Maxim.

八角莲属（鬼臼属）*Dysosma*　八角莲 *D. versipellis*（Hance）M. Cheng 1（a）：127

山荷叶属 *Diphylleia*　窝儿七 *D. sinensis* H. L. Li 1（2）：330

桃儿七属 *Podophyllum*　桃儿七 *P. emodi* Wall. var. *chinense* Sprag. 1（2）：329

40. 毛茛科 Ranunculaceae

草本；裂叶或复叶；花两性，各部离生，雄蕊和雌蕊螺列于膨大的花托上；聚合瘦果（图7-30）。

唐松草属 *Thalictrum*　长喙唐松草 *T. macrorhynchum* Franch. 1（2）：239；绢毛唐松草 *T. brevisericeum* W. T. Wang et S. H. Wang 1（2）：239；城口唐松草 *T. fargesii* Franch. ex Fin. et Gagnep. 1（2）：241；瓣蕊松草 *T. petaloideum* Linn. 1（2）：242；陕西唐松草 *T. shensiense* W. T. Wang et S. H. Wang 1（2）：245

扁果草属 *Isopyrum*　扁果草 *I. anemonoides* Kar. et Kir. 1（2）：237

天葵属 *Semiaquilegia*　天葵 *S. adoxoides*（DC.）Makino 1（2）：23

楼斗菜属 *Aquilegia*　无距楼斗菜 *A. ecalcarata* Maxim. 1（2）：234；华北楼斗菜 *A. oxysepala* Trautv. et Mey. var. *yabeana*（Kitag.）Munz 1（2）：235；秦岭楼斗菜 *A. incurvata* P. K. Hsiao 1（2）：236

人字果属 *Dichocarpus*　纵肋人字果 *D. fargesii* Franch.）W. T. Wang

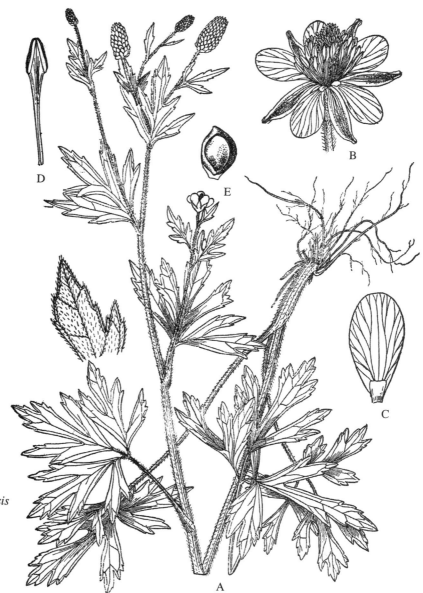

图 7-30
毛茛科 Ranunculaceae
茴茴蒜 *Ranunculus chinensis*
A.植株
B.花
C.花瓣
D.雄蕊
E.瘦果

et P. K. Hsiao 1（2）: 233

　　侧金盏花属 *Adonis*　蜀侧金盏花 *A. szechuanensis* Franch. 1（2）: 275；
狭瓣侧金盏花 *A. davidii* Franch. 1（2）: 275

　　金莲花属 *Trollius*　川陕金莲花 *T. buddae* Schipcz. 1（2）: 230；青藏

金莲花 *T. tanguticus*（Brühl）W. T. Wang 1（2）：230；矮金莲花 *T. farrei* Stapf 1（2）：231；毛茛状金莲花 *T. ranunculoides* Hemsl. 1（2）：232

乌头属 *Aconitum*　葶乌头 *A. scaposum* Franch. 1（2）：255；松潘乌头 *A. sungpanense* Hand. -Mzt. 1（2）：258；乌头 *A. carmichaelii* Debx. 1（2）：260；铁棒锤 *A. szechenyianum* Gay. 1（2）：262；露蕊乌头 *A. gymnandrum* Maxim. 1（2）：263；穿心莲乌头 *A. sinomontanum* Nakai 1（2）：255；太白乌头 *A. taipeicum* Hand. -Mzt. 1（2）：257；爪叶乌头 *A. hemsleyanum* Pritz. 1（2）：257；秦岭乌头 *A. lioui* W. T. Wang 1（2）：258；鞘状乌头 *A. vaginatum* Pritz. 1（2）：254；陕西乌头 *A. shensiense* W. T. Wang 1（2）：259

翠雀花属 *Delphinium*　川陕翠雀花 *D. henryi* Franch. 1（2）：264；秦岭翠雀花 *D. giraldii* Diels 1（2）：266；太白翠雀花 *D. taipaicum* W. T. Wang 1（2）：267；卵瓣还亮草 *D. anthriscifolium* Hance var. *calleryi*（Franch.）Fin. et Gagnep. 1（2）：269；弯距翠雀花 *D. campylocentrum* Maxim. 1（2）：266；细须翠雀花 *D. leptopogon* Hand. -Mzt. 1（2）：265

铁筷子属 *Helleborus*　铁筷子 *H. thibetanus* Franch. 1（2）：232

类叶升麻属 *Actaea*　类叶升麻 *A. asiatica* Hara 1（2）：251

升麻属 *Cimicifuga*　升麻 *C. foetida* Linn. 1（2）：250；单穗升麻 *C. simplex* Wormsk. 1（2）：251

驴蹄草属 *Caltha*　驴蹄草 *C. palustris* Linn. 1（2）：228

美花草属 *Callianthemum*　太白美花草 *C. taipaicum* W. T. Wang 1（2）：274

银莲花属 *Anemone*　小银莲花 *A. exigua* Maxim. 1（2）：278；阿尔泰银莲花 *A. altaica* Fisch. ex C. A. Mey. 1（2）：279；秦岭银莲花 *A. ulbrichiana* Diels ex Ulbr. 1（2）：281；小花草玉梅 *A. rivularis* Buch. -Ham. ex DC. var. *flore-minore* Maxim. 1（2）：281；野棉花 *A. hupehensis* V. Lem. 1（2）：282；大火草 *A. tomentosa*（Maxim.）Pei 1（2）：283；太白银莲花 *A. taipaiensis* W. T. Wang 1（2）：284；川西银莲花 *A. prattii* Huth ex Ulbr. 1（a）：119；反萼银莲花 *A. reflexa* Steph. 1（2）：280；鹅掌草 *A. flaccida* F. Schmidt 1（2）：280

白头翁属 *Pulsatilla*　白头翁 *P. chinensis*（Bge.）Regel 1（2）：285

　　铁线莲属 *Clematis*　大叶铁线莲 *C. heracleifolia* DC. 1（2）：287；须蕊铁线莲 *C. pogonandra* Maxim. 1（2）：288；黄花铁线莲 *C. intricata* Bge. 1（2）：290；棉团铁线莲 *C. hexapetala* Pall. 1（2）：292；秦岭铁线莲 *C. obscura* Maxim. 1（2）：293；陕西铁线莲 *C. shensiensis* W. T. Wang 1（2）：295；绣球藤 *C. montana* Buch. -Ham. apud DC. 1（2）：295；美花铁线莲 *C. potaninii* Maxim. 1（2）：296；威灵仙 *C. chinensis* Osbeck 1（2）：293；钝萼铁线莲 *C. peterae* Hand. -Mzt. 1（2）：298

　　鸦跖花属 *Oxygraphis*　鸦跖花 *O. glacialis*（Fisch.）Bge. 1（2）：269

　　毛茛属 *Ranunculus*　石龙芮 *R. sceleratus* Linn. 1（2）：271；毛茛 *R. japonicus* Thunb. 1（2）：271；茴茴蒜 *R. chinensis* Bge. 1（2）：272；扬子毛茛 *R. sieboldii* Miq. 1（2）：272；小毛茛 *R. ternatus* Thunb. 1（2）：273

41. 清风藤科 Sabiaceae

叶互生；花瓣常为 5 片，其内方 2 片通常较小；雄蕊与花瓣对生，花药常具厚的药隔，有花盘，子房通常 2 室；核果。

陕西清风藤 *Sabia shensiensis* L. Chen 1（3）：240；泡花树 *Meliosma cuneifolia* Franch. 1（3）：242

42. 莲科 Nelumbonaceae

直立水生草本，有乳汁；根茎平伸，粗大；叶盾状，近圆形，常突立水面；花大，单生；花柄常高于叶。

莲 *Nelumbo nucifera* Gaertn. 1（2）：219

43. 悬铃木科 Platanaceae

落叶乔木；侧芽为柄下芽；单叶互生，常掌状叶脉，托叶常具鞘；球形头状花序；聚合果呈球形。

三球悬铃木（法国梧桐）*Platanus orientalis* Linn；一球悬铃木（美国梧桐）*Platanus occidentalis* Linn。

44. 昆栏树科 Trochodendraceae（包含水青树科 Tetracentraceae）

木本；单叶，叶柄长，叶缘锯齿状；花两性或单性；花单被，4 片，或无花被；雄蕊 4 至多数，心皮 4~10 个，排成一轮；胚珠 1 至数个；木质部仅具管胞。

水青树 *Tetracentron sinensis* Oliv. 1（2）：340

45. 黄杨科 Buxaceae

灌木至小乔木；单叶，互生或对生；花小、整齐，无花瓣，单性，雌雄同株或异株，花序总状或密集的穗状；雄花萼片4，雌花萼片6，均二轮，雄蕊4，与萼片对生，分离，花药大；雌蕊常由3心皮组成，子房上位，3室，子房每室有2下垂的倒生胚珠；蒴果，室背裂开，或为肉质的核果状（图7–31）。

板凳果属 *Pachysandra*　顶蕊三角咪 *P. terminalis* Sieb. et Zucc. 1（3）：184

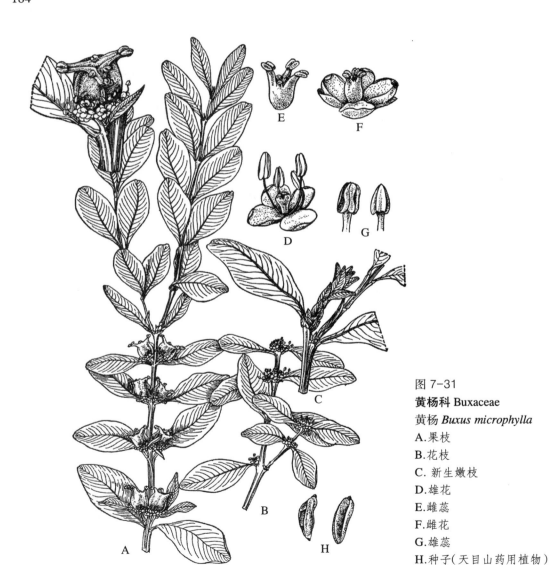

图 7-31
黄杨科 Buxaceae
黄杨 *Buxus microphylla*
A. 果枝
B. 花枝
C. 新生嫩枝
D. 雄花
E. 雌蕊
F. 雌花
G. 雄蕊
H. 种子（天目山药用植物）

黄杨属 *Buxus*　黄杨 *B. microphylla* Sieb. et Zucc. var. *sinica* Rehd. et Wils. 1（3）：182

核心真双子叶植物 core eudicots

花为五轮列，花各部分互生，雌蕊合生，花被分为花萼与花冠；具多数雄蕊；三沟型花粉；具鞣花酸和没食子酸。包括大叶草目 Gunnerales、五桠果目 Dilleniales、超蔷薇类分支及超菊类分支。

超蔷薇类分支：包括虎耳草目 saxifragales 和蔷薇类分支

46. 芍药科 Paeoniaceae

多年生草本或亚灌木；花大而美丽，单生枝顶或有时成束；萼片 5，宿存；花瓣 5～10，雄蕊多数，心皮 2～5，分离；蓇葖果（图 7-32）。

图 7-32

芍药科 Paeoniaceae

芍药 *Paeonia lactiflora*

A. 花枝

B. 雌蕊

C. 雄蕊

D. 蓇葖果

E. 果实中部横切

F. 种子

G. 根

紫斑牡丹 *Paeonia papaveracea* Andr. 1（2）: 225；牡丹 *Paeonia suffruticosa* Andr. 1（2）: 225；川赤芍 *Paeonia veitchii* Lynch 1（2）: 225；芍药 *Paeonia lactiflora* Pall. 1（2）: 226；美丽芍药 *Paeonia mairei* Lévl. 1（2）: 227

47. 蕈树科 Altingiaceae

常绿或落叶乔木；叶具掌状脉或羽状脉，常为掌状裂，托叶线形；花单性，同株，常聚成头状花序；萼筒与子房合生，萼齿针状或缺；无花瓣；雄蕊多数，花药2室；子房半下位，2室，花柱2，胚珠多数，种子有棱或窄翅。

枫香 *Liquidambar taiwaniana* Hance 1（2）: 466

48. 金缕梅科 Hamamelidaceae

木本，具星状毛；单叶互生；花两性或单性（植株为雌雄同株），常辐射对称，艳丽至不显著；花瓣瓣4或5，分离；雄蕊4或5，花药2瓣裂；

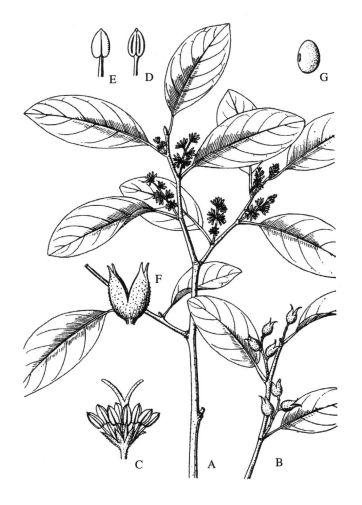

图 7-33

金缕梅科 Hamamelidaceae

蚊母树 *Distylium racemosum*

A. 花枝

B. 果枝

C. 雌花

D, E. 雄蕊的腹面和背面

F. 蒴果

G. 种子

心皮 2，稍合生，子房半下位至下位；2 室，花柱宿存；木质蒴果（图 7-33）。

蜡瓣花属 *Corylopsis* 小果蜡瓣花 *C. microcarpa* H．T．Chang 1（2）：469

牛鼻栓属 *Fortunearia* 牛鼻栓 *F. sinensis* Rehd．et Wils．1（2）：468

山白树属 *Sinowilsonia* 山白树 *S. henryi* Hemsl．1（2）：467。

蚊母树属 *Distylium* 蚊母树 *D. racemosum* Sieb．

水丝栌属 *Sycopsis* 水丝栌 *S. sinensis* Oliv．1（2）：467

49. 连香树科 Cercidiphyllaceae

落叶乔木，枝有长、短枝之分；叶二型；花小，单性，异株，先叶开放，无花被；雄花数个组成紧密的短总状花序，下方 4 朵均有 4 裂的苞片承托，上方的雄花则无苞片，雄蕊 8~20；雌花 4 朵组成紧密的花序，每朵雌花有 1 心皮，由 1 苞片承托，子房有多数胚珠；花柱细长，腹面生柱头组织；蓇葖果。

连香树 *Cercidiphyllum japonicum* Sieb．et Zucc．1（2）：222

50. 茶藨子科 Grossulariaceae

灌木，具针刺；单叶丛生，无托叶；花常退化为单性，总状花序或单花，花瓣 4~5，小或鳞片状；浆果（图 7-34）。

长刺茶藨子 *Ribes alpestre* Wall．ex Decne．1（2）：445；腺毛茶藨子 *Ribes giraldii* Jancz．1（2）：445；蔓茶藨子 *Ribes fasciculatum* Sieb．et Zucc．var．chinense Maxim．1（2）：446；尖叶茶藨子 *Ribes maximowiczianum* Komar．1（2）：446；冰川茶藨子 *Ribes glaciale* Wall．1（2）：447；东北茶藨子 *Ribes mandshuricum*（Maxim.）Komar．1（2）：450；穆坪茶藨子 *Ribes moupinense* Franch．1（2）：450；糖茶藨子 *Ribes emodense* Rehd．1（2）：451。细枝茶藨子 *Ribes tenue* Jancz．

51. 虎耳草科 Saxifragaceae

草本；叶常互生，无托叶；雄蕊着生在花瓣上，子房与萼状花托分离或合生；蒴果（图 7-35）。

虎耳草属 *Saxifraga* 虎耳草 *S. stolonifera* Meerb．1（2）：434；楔基虎耳草 *S. sibirica* Linn．var．*bockiana* Engl．1（2）：435；黑蕊虎耳草 *S. melanocentra* Franch．1（2）：435；太白虎耳草 *S. giraldiana* Engl．1（2）：436；山地虎耳草 *S. montana* H．Smith 1（2）：436；美丽山地虎耳

图 7-34
茶藨子科 Grossulariaceae
细枝茶藨子 *Ribes tenue*
A.果枝
B.花枝
C.种子

草 *S. montana* H. Smith var. *splendens* H. Smith 1（2）: 437

　　落新妇属 *Astilbe*　红升麻（落新妇）*A. chinensis*（Maxim.）Franch.
et Savat. 1（2）: 440；多花红升麻 *A. myriantha* Diels 1（2）: 440

　　黄水枝属 *Tiarella*　黄水枝 *T. polyphylla* D. Don 1（2）: 427

　　鬼灯檠属 *Rodgersia*　索骨丹（鬼灯檠）*R. aesculifolia* Batal. 1（2）: 439

　　岩白菜属 *Bergenia*　秦岭岩白菜 *B. scopulosa* T. P. Wang 1（2）: 433

　　金腰子属 *Chrysosplenium*　大叶金腰子 *C. macrophyllum* Oliv. 1（2）:
430；裸茎金腰子 *C. nudicaule* Bge. 1（2）: 431；纤细金腰子 *C. giraldianum*

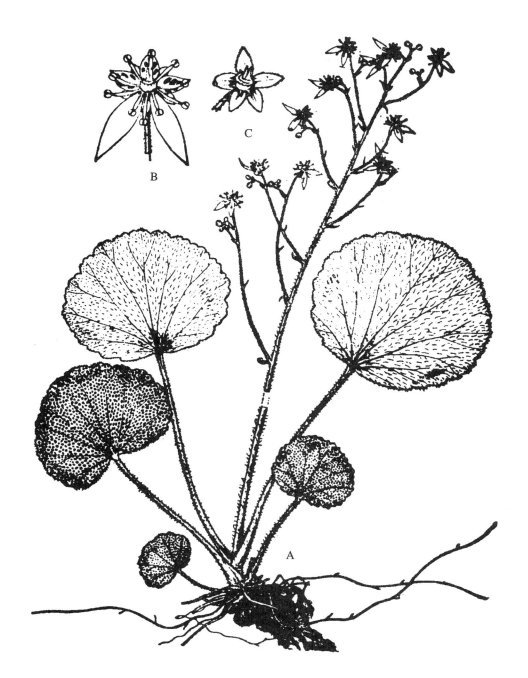

图 7-35
虎耳草科 Saxifragaceae
虎耳草 *Saxifraga stolonifera*
A.花枝　B.花　C.雌蕊和花萼种子

Engl. 1（2）: 432；秦岭金腰子 *C. biondianum* Engl. 1（2）: 429；中华金腰子 *C. sinicum* Maxim. 1（2）: 429；柔毛金腰子 *C. pilosum* Maxim. var. *valdepilosum* Ohwi 1（2）: 430；单花金腰子 *C. uniflorum* Maxim. 1（2）: 432；高山金腰子 *C. griffithii* Hook. f. et Thoms. 1（2）: 432

52. 景天科 Crassulaceae

草本；叶肉质；花整齐，两性，5 基数，各部离生；雄蕊为花瓣的 2 倍；蓇葖果（图 7-36）。

瓦松属 *Orostachys*　瓦松 *O. fimbriatus*（Turcz.）Berger 1（2）: 408

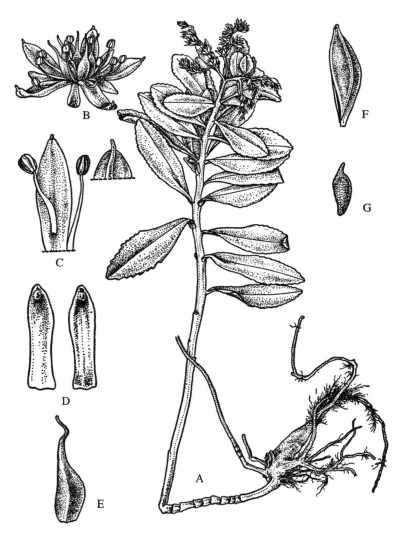

图 7-36
景天科 Crassulaceae
费菜 *Phedimus aizoon*
A.花枝
B.花
C.花瓣和雄蕊
D.萼片
E.心皮
F.蓇葖果
G.种子

红景天属 *Rhodiola*　凤尾七 *R. dumulosa*（Franch.）S. H. Fu 1（2）：410；白三七 *R. henryi*（Diels）S. H. Fu 1（2）：412；四裂红景天 *R. quadrifida*（Pall.）Fisch.et Mey. 1（2）：410；宽果红景天 *R. eurycarpa*（Fröd.）S. H. Fu　1（2）：411；狮子七 *R. kirilowii*（Regel）Regel ex Maxim.（2）：411

费菜属 *Phedimus*　费菜 *P. aizoon* Linn. 1（2）：422

景天属 *Sedum*　长药景天 *S. spectabile* A. Bor. 1（2）：414；轮叶景天 *S. verticillatum* Linn. 1（2）：415；疣果景天 *S. elatinoides* Franch. 1（2）：415；豆瓣菜 *S. sarmentosum* Bge. 1（2）：423；佛甲草 *S. lineare* Thunb. 1（2）：424；狗牙瓣 *S. planifolium* K. T. Fu 1（2）：424；大苞景天 *S. amplibracteatum* K. T. Fu 1（2）：425；繁缕景天 *S. stellariifolium* Franch. 1（2）：417；离瓣景天 *S. barbeyi* Hamet 1（2）：418；隐匿景天 *S. celatum* Fröd. 1（2）：419；秦岭景天 *S. pampaninii* Hamet 1（2）：420；多茎景天 *S. multicaule* Wall. 1（2）：423

53. 锁阳科 Cynomoriaceae

根寄生多年生肉质草本，全株红棕色，无叶绿素；茎圆柱形，肉质，具螺旋状排列的脱落性鳞片叶；花杂性，极小，由多数雄花、雌花与两性花密集形成顶生的肉穗花序；花被片 4~6，雄花具 1 雄蕊和 1 密腺；雌花具 1 雌蕊，子房下位，1 室，内具 1 顶生悬垂的胚珠；两性花具 1 雄蕊和 1 雌蕊；果为小坚果状。

锁阳 *Cynomorium songaricum* Rupr.

蔷薇类分支 rosids：包括葡萄目 vitales，以及豆类植物和锦葵类植物。

54. 葡萄科 Vitaceae

藤本，具有与叶对生的卷须（变态花序）；花序与叶对生；雄蕊 4~6，与花瓣对生；心皮 2，合生，子房上位；浆果，种子 4，具薄的、半透明外层和坚硬的内层（图 7-37）。

蛇葡萄属 *Ampelopsis*　蛇葡萄 *A. bodinieri*（Lévl. et Vant.）Rehd. 1（3）：268；五裂叶蛇葡萄 *A. delavayana* Planch. var. *gentiliana*（Lévl. et Vant.）Hand. -Mzt. 1（3）：269；葎叶蛇葡萄 *A. humulifolia* Bge. 1（3）：268；大叶蛇葡萄 *A. megalophylla* Diels et Gilg 1（3）：268；乌头叶蛇葡萄 *A. aconitifolia* Bge. 1（3）：270；掌裂草葡萄 *A. aconitifolia* Bge. var.

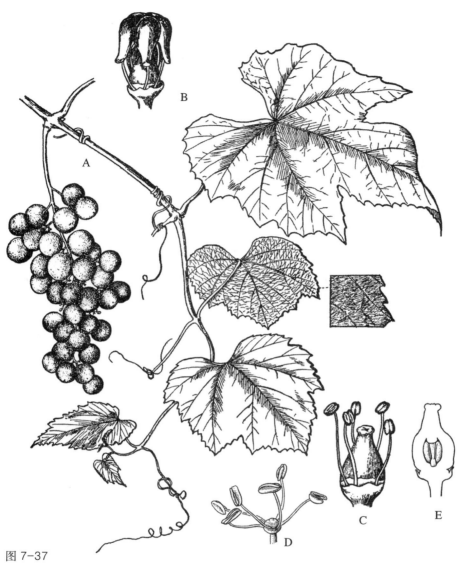

图 7-37

葡萄科 Vitaceae

葡萄 *Vitis vinifera*

A.果枝　B.即将开放的花　C.花瓣脱落的两性花,示雌蕊、雄蕊和花盘

D.花瓣脱落的雄花　E.雌蕊纵切面

glabra Diels 1（3）: 270；白蔹 *A. japonica*（Thunb.）Makino 1（a）: 221

　　地锦属 *Parthenocissus* 爬山虎（地锦）*P. tricuspidata*（Sieb. et Zucc.）Planch. 1（3）: 271；红叶爬山虎 *P. henryana*（Hemsl.）Diels et

Gilg 1（3）：270

葡萄属 *Vitis*　葡萄 *V. vinifera* Linn. 1（3）：264；桑叶葡萄 *V. ficifolia* Bge. 1（3）：264；葛藟 *V. flexuosa* Thunb. 1（3）：265；桦叶葡萄 *V. betulifolia* Diels et Gilg 1（3）：265；刺葡萄 *V. davidii* （Carr.）Foëx 1（3）：266；秋葡萄 *V. romanetii* Roman. 1（3）：266；复叶葡萄 *V. piasezkii* Maxim. 1（3）：266；毛葡萄 *V. quinquangularis* Rehd. 1（3）：264

乌蔹莓属 *Cayratia*　乌蔹莓 *C. japonica*（Thunb.）Gagnep. 1（3）：274

豆类植物：包括蒺藜目、卫矛目、酢浆草目、金虎尾目、豆目、蔷薇目、葫芦目、壳斗目 8 个目。

55. 蒺藜科 Zygophyllaceae

灌木，少数是乔木或多年生草本植物；叶为两个至多数的羽状复叶，托叶成对；花两性，雄蕊花丝基部有鳞状附属物；果实为蒴果，稀为浆果或核果。

蒺藜属 *Tribulus*　蒺藜 *T. terrestris* Linn. 1（3）：130

霸王属 *Sarcozygium*

56. 豆科 Fabaceae

木本或草本；单叶或复叶，互生，有托叶，叶枕发达；花两性，5 基数，辐射对称至两侧对称，雄蕊多数至定数；荚果。

紫荆属 *Cercis*　紫荆 *C. chinensis* Bge. 1（3）：4；垂丝紫荆 *C. racemosa* Oliv. 1（3）：4

羊蹄甲属 *Bauhinia*　湖北羊蹄甲 *B. hupehana* Craib 1（3）：5；马鞍羊蹄甲 *B. faberi* Oliv. 1（3）：6

皂荚属 *Gleditsia*　皂荚 *G. sinensis* Lam. 1（3）：6

合欢属 *Albizzia*　合欢 *A. julibrissin* Durazz. 1（3）：3；山合欢 *A. kalkora* （Roxb.）Prain 1（3）：2

云实属 *Caesalpinia*　云实 *C. sepiaria* Roxb. 1（3）：7

香槐属 *Cladrastis*　香槐 *C. wilsonii* Takeda 1（3）：15；小花香槐 *C. sinensis* Hemsl. 1（3）：15

红豆属 *Ormosia*　红豆树 *O. hosiei* Hemsl. et Wils. 1（a）：182

马鞍树属 *Maackia*　马鞍树 *M. hupehensis* Takeda 1（3）：16；华山马鞍树 *M. hwashanensis* W. T. Wang 1（3）：17

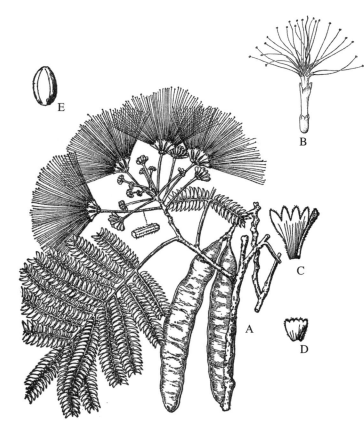

图 7-38
豆科 Fabaceae
含羞草亚科 Mimosoideae
合欢 *Albizzia julibrissin*
A.花和果枝
B.两性花
C.花冠
D.花萼
E.种子

野决明属 *Thermopsis* 小叶野决明 *T. chinensis* Benth. ex S. Moore 1（3）：19；披针叶黄华 *T. lanceolata* R. Br. 1（3）：19；高山黄华 *T. alpina*（Pall.）Ledeb. 1（3）：20；光叶黄华 *T. licentiana* Pet. -Stib. 1（3）：20

黄花木属 *Piptanthus* 黄花木 *P. concolor* Harrow 1（3）：18

苦参属 *Sophora* 苦参 *S. flavescens* Ait. 1（3）：11；苦豆子 *S. alopecuroides* Linn. 1（3）：12；槐 *S. japonica* Linn. 1（3）：12；龙爪槐 *S. japonica* Linn. var. *pendula* Loud. 1（3）：13

黄檀属 *Dalbergia* 黄檀 *D. hupeana* Hance 1（3）：88

木蓝属 *Indigofera* 铁扫帚 *I. bungeana* Walp. 1（3）：33；多花木蓝 *I. amblyantha* Craib 1（3）：34

土圝儿属 *Apios* 土圝儿 *A. fortunei* Maxim. 1（a）：197

油麻藤属 *Mucuna* 常春油麻藤 *M. sempervirens* Hemsl. 1（3）：106

杭子稍属 *Campylotropis* 杭子稍 *C. macrocarpa* Bge.）Rehd. 1（3）：85

图 7-39
豆科 Fabaceae
云实亚科 Caesalpinioideae
云实 *Caesalpinia sepiaria*
A.花枝　B.去花瓣的花　C.花冠　D.花冠的各瓣

鸡眼草属 *Kummerowia*　鸡眼草 *K. striata*（Thunb.）Schindl. 1（3）: 86

胡枝子属 *Lespedeza*　胡枝子 *L. bicolor* Turcz. 1（3）: 79；美丽胡枝子 *L. formosa*（Vog.）Koehne 1（3）: 79；短梗胡枝子 *L. cyrtobotrya* Miq. 1（3）: 79；绿叶胡枝子 *L. buergeri* Miq. 1（3）: 80；达乌里胡枝子 *L. davurica*（Laxm.）Schindl. 1（3）: 81；多花胡枝子 *L. floribunda* Bge. 1（3）: 82；截叶铁扫帚 *L. cuneata*（Dum.-Cours.）G. Don 1（3）: 83

山蚂蝗属 *Desmodium*　山蚂蝗 *D. racemosum*（Thunb.）DC. 1（3）: 77；圆菱叶山蚂蝗 *D. podocarpum* DC. 1（3）: 77

大豆属 *Glycine*　野大豆 *G. soja* Sieb. et Zucc. 1（3）: 105

葛属 *Pueraria*　野葛 *P. lobata*（Willd.）Ohwi 1（3）: 107

两型豆属 *Amphicarpaea*　三籽两型豆 *A. trisperma*（Miq.）Baker ex Kitag. 1（3）: 103

百脉根属 *Lotus*　百脉根 *L. corniculatus* Linn. 1（3）: 31

甘草属 *Glycyrrhiza*　甘草 *G. uralensis* Fisch. ex DC. 1（3）: 69；刺果甘草 *G. pallidiflora* Maxim. 1（3）: 70

紫藤属 *Wisteria*　多花紫藤 *W. floribunda*（Willd.）DC. 1（3）: 37；紫藤 *W. sinensis*（Sims）Sweet 1（3）: 37

锦鸡儿属 *Caragana*　陕西锦鸡儿 *C. shensiensis* C. W. Chang 1（3）: 44；锦鸡儿 *C. sinica*（Buc'hoz）Rehd. 1（3）: 45；红花锦鸡儿 *C. rosea* Turcz. 1（3）: 42；毛掌叶锦鸡儿 *C. leveillei* Kom. 1（3）: 43；文县锦鸡儿 *C. wenhsienensis* C. W. Chang 1（3）: 43；无刺锦鸡儿 *C. wenhsienensis* C. W. Chang var. *inermis* C. W. Chang 1（3）: 44；长爪锦鸡儿 *C. longiunguiculata* C. W. Chang 1（3）: 44

岩黄耆属 *Hedysarum*　红花岩黄耆 *H. multijugum* Maxim. 1（3）: 71；多序岩黄耆 *H. polybotrys* Hand.-Mzt. 1（3）: 71；太白岩黄耆 *H. taipeicum*（Hand.-Mzt.）K. T. Fu 1（3）: 72

米口袋属 *Gueldenstaedtia*　异叶米口袋 *G. diversifolia* Maxim. 1（3）: 48；狭叶米口袋 *G. stenophylla* Bge. 1（3）: 49；米口袋 *G. multiflora* Bge. 1（3）: 49

棘豆属 *Oxytropis*　二色棘豆 *O. bicolor* Bge. 1（3）: 64；华西棘豆 *O. giraldii* Ulbr. 1（3）: 65；黑萼棘豆 *O. melanocalyx* Bge. 1（3）: 66；短萼

齿棘豆 *O.* *melanocalyx* Bge.　var.　*brevidentata* C. W. Chang　1（3）：66；
西太白棘豆 *O. sitaipaiensis* T. P. Wang 1（3）：66；秦岭棘 *O. chinglingensis*
C. W. Chang 1（3）：68；　矮棘豆 *O.* *humilis* C. W. Chang 1（3）：68

黄耆属 *Astragalus*　糙叶黄耆 *A. scaberrimus* Bge. 1（3）：51；鸡峰山
黄耆 *A. kifonsanicus* Ulbr. 1（3）：52；紫云英 *A. sinicus* Linn. 1（3）：57；
太白山黄耆 *A. taipaishanensis* Y. C. Ho et S. B. Ho 1（3）：60；黄耆 *A.*
membranaceus（Fisch.）Bge. 1（3）：55；秦岭黄耆 *A. henryi* Oliv. 1（3）：
55；地八角 *A. bhotanensis* Baker 1（3）：52；直立黄耆 *A. adsurgens* Pall.
1（3）：53；莲山黄耆 *A.* *leansanicus* Ulbr. 1（3）：54；单体蕊黄耆 *A.*
monadelphus Bge. 1（3）：54；兴安黄耆 *A. dahuricus*（Pall.）DC. 1（3）：
57；扁茎黄耆 *A.* *complanatus* R. Br. ex Bge. 1（3）：58；四川黄耆 *A.*
sutchuenensis Franch. 1（3）：59；肾形子黄耆 *A.* *skythropos* Bge. 1（3）：
59；华山黄耆 *A. havianus* Pet. -Stib. 1（3）：59；草木樨状黄耆 *A. melilotoides*
Pall. 1（3）：61；悬垂黄耆 *A.* *dependens* Bge. 1（3）：61

苦马豆属 *Sphaerophysa*　苦马豆 *S.* *salsula*（Pall.）Taub. 1（3）：40

苜蓿属 *Medicago*　苜蓿 *M. sativa* Linn. 1（3）：24；天蓝苜蓿 *M.*
lupulina Linn. 1（3）：25；南苜蓿 *M.* *hispida* Gaertn. 1（3）：25；小苜蓿
M. *minima*（Linn.）Grufb. 1（3）：26

草木樨属 *Melilotu*　草木樨 *M.* *suaveolens* Ledeb. 1（3）：27；黄香草
木樨 *M.* *officinalis*（Linn）. Desr. 1（3）：28

车轴草属 *Trifolium*　白车轴草 *T.* *repens* Linn. 1（3）：29；红车轴草
T. *pratense* Linn. 1（3）：30

野豌豆属 *Vicia*　蚕豆 *V.* *faba* Linn. 1（3）：90；歪头菜 *V. unijuga*
A. Br. 1（3）：90；野豌豆 *V.* *sepium* Linn. 1（3）：91；大巢菜 *V.* *sativa*
Linn. 1（3）：91；太白野豌豆 *V.* *taipaica* K. T. Fu 1（3）：92；广布野豌
豆 *V.* *cracca* Linn. 1（3）：94；小巢菜 *V.* *hirsuta*（L.）S. F. Gray 1（3）：
96；16. 四籽野豌豆 *V.* *tetrasperma*（L.）Moench. 1（3）：96；. 三齿
野豌豆 *V.* *bungei* Ohwi 1（3）：97；柔毛苕子 *V.* *villosa* Roth 1（3）：98；
大野豌豆（薇）*V.* *gigantea* Bge. 1（3）：98；确山野豌豆 *V.* *kioshanica*
Bail. 1（3）：99

山黧豆属 *Lathyrus*　山黧豆 *L.* *quinquenervius*（Miq.）Litv. ex Kom. et

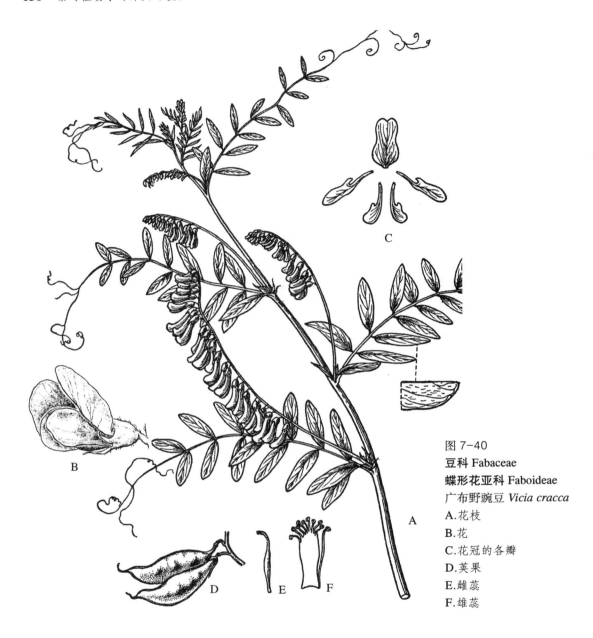

图 7-40
豆科 Fabaceae
蝶形花亚科 Faboideae
广布野豌豆 *Vicia cracca*
A.花枝
B.花
C.花冠的各瓣
D.荚果
E.雌蕊
F.雄蕊

Alis. 1（3）：101；牧地山黧豆 *L. pratensis* Linn. 1（3）：100；茳芒山黧豆
L. davidii Hance 1（3）：101

57. 远志科 Polygalaceae

单叶全缘；花两性，左右对称；萼片 5，其中 2 片常为花瓣状，花瓣不
等大，下面一瓣为龙骨状，花丝合生成一鞘（图 7-41）。

图 7-41
远志科 Polygalaceae
远志 *Polygala tenuifolia*
A.果枝
B.剖开的花
C.花侧面观
D.雌蕊
E.果实
F.种子
G.根

远志 *Polygala tenuifolia* Willd. 1（3）：155；瓜子金 *Polygala japonica* Houtt. 1（3）：156；西伯利亚远志 *Polygala sibirica* Linn. 1（3）：157；小扁豆 *Polygala tatarinowii* Regel 1（3）：155

58. **蔷薇科 Rosaceae**

叶互生，常有托叶；花两性，花托扁平到杯状或圆柱状，离生或贴生于心皮，常在果期膨大，蔷薇形花冠，周位花 萼片5，雄蕊多数；梨果、核果、瘦果或菁葖果。

悬钩子属 *Rubus* Linn.（图7-42） 黄果悬钩子 *R. xanthocarpus* Bureau et Franch. 1（2）：529；悬钩子 *R. corchorifolius* Linn. 1（2）：530；乌泡 *R. parkeri* Hance 1（2）：530；美丽悬钩子 *R. amabilis* Focke 1（2）：532；疏刺悬钩子 *R. pungens* Camb. var. *indefensus* Focke 1（2）：533；绵果悬钩子 *R. lasiostylus* Focke 1（2）：535；陕西悬钩子 *R. piluliferus* Focke 1（2）：536；喜阴悬钩子 *R. mesogaeus* Focke 1（2）：536；茅莓 *R.*

图7-42
蔷薇科 Rosaceae
蔷薇亚科 Rosoideae
山莓 *Rubus corchorifolius*
A.果枝
B.剖开的花
C.瘦果
D.雌蕊和花托

parvifolius Linn. 1（2）：537；覆盆子 *R. coreanus* Miq. 1（2）：537；弓茎
悬钩子 *R. flosculosus* Focke 1（2）：540；光叶高粱泡 *R. lambertianus* Ser.
var. *glaber* Hemsl. 1（2）：531

　　路边清（水杨梅）属 *Geum* Linn.　水杨梅 *G. aleppicum* Jacq. 1（2）：
541

　　龙牙草属 *Agrimonia* Linn.　龙牙草 *A.pilosa* Ledeb. var. *japonica*
（Miq.）Nakai 1（2）：560

　　地榆属 *Sanguisorba* Linn.　地榆 *S. officinalis* Linn. 1（2）：561

　　蔷薇属 *Rosa* Linn.（图 7-43）　黄蔷薇 *R. hugonis* Hemsl. 1（2）：564；

图 7-43
蔷薇科 Rosaceae
蔷薇亚科 Rosoideae
钝叶蔷薇*Rosa sertata*
A.果枝
B. 花枝
C. 花纵剖面
D.蔷薇果纵剖面瘦果

黄刺玫 *R. xanthina* Lindl. 1（2）：565；单瓣黄刺玫 *R. xanthina* Lindl. f. normalis Rehd. et Wils. 1（2）：565；峨眉蔷薇 *R. omeiensis* Rolfe 1（2）：566；房蔷薇 *R. corymbulosa* Rolfe 1（2）：568；山刺玫 *R. davidii* Crép. 1（2）：568；扁刺蔷薇 *R. sweginzowii* Koehne 1（2）：570；陕西蔷薇 *R. giraldii* Crép. 1（2）：571；钝叶蔷薇 *R. sertata* Rolfe 1（2）：571；复伞房蔷薇 *R. brunonii* Lindl. 1（2）：575；木香 *R. banksiae* R. Br. 1（2）：575；七里香蔷薇 *R. banksiae* R. Br. var. *normalis* Regel 1（2）：576；缫丝花 *R. roxburghii* Tratt. 1（2）：576

委陵菜属 *Potentilla* Linn. 华西银蜡梅 *P. arbuscula* D. Don var. veitchii（Wils.）T. N. Liou 1（2）：548；绢毛细蔓委陵菜 *P. reptans* Linn. var. *sericophylla* Franch. 1（2）：549；蕨麻委陵菜 *P. anserina* Linn. 1（2）：549；蛇莓委陵菜 *P. centigrana* Maxim. 1（2）：550；铺地委陵菜 *P. paradoxa* Nutt. apud. Torr. et Gray 1（2）：550；毛果委陵菜 *P. eriocarpa* Wall. 1（2）：551；翻白草 *P. discolor* Bge. 1（2）：554；西山委陵菜 *P. sischanensis* Bge. ex Lehm. 1（2）：555；委陵菜 *P. chinensis* Ser. 1（2）：555；多茎委陵菜 *P. multicaulis* Bge. 1（2）：556；二裂委陵菜 *P. bifurca* Linn. 1（2）：556；莓叶委陵菜 *P. fragarioides* Linn. 1（2）：557；5

蛇莓属 *Duchesnea* Smith 蛇莓 *D. indica*（Andr.）Focke 1（2）：546

草莓属 *Fragaria* Linn. 伞房草莓 *F. corymbosa* A. Los. 1（2）：545；五叶草莓 *F. pentaphylla* A. Los. 1（2）：545

绣线梅属 *Neillia* D. Don 绣线梅 *N. sinensis* Oliv. 1（2）：474

李属 *Prunus* Linn.（图 7-44） 重瓣榆叶梅 *P. triloba* Lindl. var. *plena* Dipp. 1（2）：581；Prunus davidiana；毛樱桃 *P. tomentosa* Thunb. 1（2）：583；欧李 *P. humilis* Bge. 1（2）：585；盘腺樱桃 *P. discadenia* Koehne 1（2）：589；锥腺樱桃 *P. conadenia* Koehne 1（2）：589

桃属 *Amygdalus* L. 桃 *A. persica* L. 山桃 *A. davidiana*（Carr.）Franch. 1（2）：582

稠李属 *Padus* Mill. 稠李 *P. pubescens* Regel et Tiling 1（2）：590；显脉稠李 *P. venosa* Koehne 1（2）：591；绢毛稠李 *P. sericea*（Batal.）Koehne 1（2）：591；细齿稠李 *P. vaniotii* Lèvl. 1（2）：592

图 7-44
蔷薇科 Rosaceae
李亚科 Prunoideae
桃 *Amygdalus persica*
A.花枝　B.果枝　C.花纵剖面　D.雄蕊　E.核果

臭樱属 *Maddenia* Hook. f. et Thoms. 锐齿臭樱 *M. incisoserrata* Yü et Ku 1（a）：178；华西臭樱 *M. wilsonii* Koehne 1（a）：179

白鹃梅属 *Exochorda* Lindl. 红柄白鹃梅 *E. giraldii* Hesse 1（2）：473

鸡麻属 *Rhodotypos* Sieb. et Zucc. 鸡麻 *R. scandens*（Thunb.）Makino 1（2）：527

棣棠花属 *Kerria* DC. 棣棠花 *K. japonica*（Linn.）DC. 1（2）：526

珍珠梅属 *Sorbaria*（Ser.）A. Br. ex Aschers. 珍珠梅 *S. arborea* Schneid. 1（2）：488；毛叶珍珠梅 *S. arborea* Schneid. var. *dubia*（Schneid.）C. Y. Wu 1（2）：488；光叶珍珠梅 *S. arborea* Schneid. var. *glabrata* Rehd. 1（2）：489；华北珍珠梅 *S. kirilowii*（Regel）Maxim. 1（2）：489

升麻属 *Aruncus*（Linn.）Adans. 假升麻 *A. sylvester* Kostel. 1（2）：490

绣线菊属 *Spiraea* Linn. 尖叶绣线菊 *S. japonica* Linn. f. var. *acuminata* Franch. 1（2）：476；华北绣线菊 *S. fritschiana* Schneid. 1（2）：477；高山绣线菊 *S. alpina* Pall. 1（2）：481；绢毛绣线菊 *S. sericea* Turcz. 1（2）：483；三裂绣线菊 *S. trilobata* Linn. 1（2）：484；绣球绣线菊 *S. blumei* G. Don 1（2）：484；陕西绣线菊 *S. wilsonii* Duthie 1（2）：480；麻叶绣线菊 *S. cantoniensis* Lour. 1（2）：483

鸡麻属 *Rhodotypos* Sieb. et Zucc. 鸡麻 *R. scandens*（Thunb.）Makino 1（2）：527

唐棣属 *Amelanchier* Medic. 唐棣 *A. sinica*（Schneid.）Chun 1（2）：511

山楂属 *Crataegus* Linn. 湖北山楂 *C. hupehensis* Sarg. 1（2）：497；陕西山楂 *C. shensiensis* Pojark. 1（2）：498；甘肃山楂 *C. kansuensis* Wils. 1（2）：498

石楠属 *Photinia* Lindl. 石楠 *P. serrulata* Lindl. 1（2）：502

火棘属 *Pyracantha* Roem. 火棘 *P. fortuneana*（Maxim.）H. L. Li 1（2）：495；甘肃火棘 *P. crenulata*（D. Don）Roem. var. *kansuensis* Rehd. 1（2）：496

石积木属 *Osteomeles* Lindl. 小叶石积木 *O. schwerinae* Schneid. var. *microphylla* Rehd. et Wils. 1（2）：500

木瓜属 *Chaenomeles* Lindl.（图 7-45） 木瓜 *C. sinensis*（Thouin）

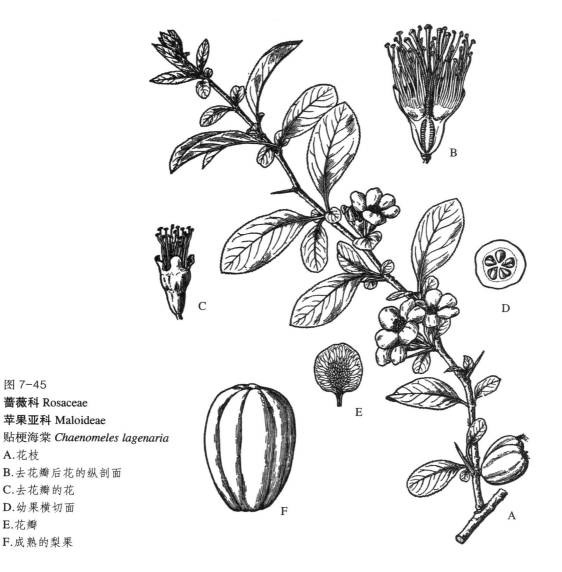

图 7-45
蔷薇科 Rosaceae
苹果亚科 Maloideae
贴梗海棠 *Chaenomeles lagenaria*
A.花枝
B.去花瓣后花的纵剖面
C.去花瓣的花
D.幼果横切面
E.花瓣
F.成熟的梨果

Koehne 1（2）：524；贴梗海棠 *C. lagenaria*（Loisel.）Koidz. 1（2）：524

　　<u>榅桲属 *Cydonia* Mill.</u>　榅桲 *C. oblonga* Mill. 1（2）：523

　　苹果属 *Malus* Mill.　山荆子 *M. baccata*（Linn.）Borkh. 1（2）：517；
湖北海棠 *M. hupehensis*（Pamp.）Rehd. 1（2）：518；海棠 *M. spectabilis*
（Ait.）Borkh. 1（2）：518；楸子 *M. prunifolia*（Willd.）Borkh. 1（2）：
519；三叶海棠 *M. sieboldii*（Regel）Rehd. 1（2）：520；甘肃海棠 *M.
kansuensis*（Batal.）Schneid. 1（2）：520；河南海棠 *M. honanensis* Rehd.
1（2）：521

枇杷属 *Eriobotrya* Lindl.　枇杷 *E. japonica*（Thunb.）Lindl. 1（2）：510

枸子属 *Cotoneaster* B. Ehrhart　水枸子 *C. multiflorus* Bge. 1（2）：491；铺地枸子 *C. horizontalis* Decne. 1（2）：492；尖叶枸子 *C. acutifolius* Turcz. 1（2）：493；细枝枸子 *C. gracilis* Rehd. et Wils. 1（2）：494；西北枸子 *C. zabelii* Schneid. 1（2）：495

梨属 *Pyrus* Linn.　豆梨 *P. calleryana* Decne. 1（2）：513；沙梨 *P. pyrifolia*（Burm. f.）Nakai 1（2）：514；杜梨 *P. betulaefolia* Bge. 1（2）：515

花楸属 *Sorbus* Linn.　秦岭花楸 *S. tsinglingensis* C. L. Tang 1（2）：505；石灰花楸 *S. folgneri*（Schneid.）Rehd. 1（2）：506；水榆花楸 *S. alnifolia*（Sieb. et Zucc.）K. Koch 1（2）：507；湖北花楸 *S. hupehensis* Schneid. 1（2）：507；北京花楸 *S. discolor*（Maxim.）Maxim. 1（2）：508；太白花楸 *Sorbus tapashana* Schneid. 1（2）：508；陕甘花楸 *S. koehneana* Schneid. 1（2）：509

59. 胡颓子科 Elaeagnaceae

木本，全株被盾形鳞片或星状绒毛；单叶全缘；单被花，花被合生。

披针叶胡颓子 *Elaeagnus lanceolata* Warb. 1(3)：339；牛奶子 *Elaeagnus umbellata* Thunb. 1（3）：340

60. 鼠李科 Rhamnaceae

单叶；花瓣着生于萼筒上并与雄蕊对生，花瓣常凹形，花盘明显；常为核果（图 7–46）。

雀梅藤属 *Sageretia*　对节刺 *S. pycnophylla* Schneid. 1（3）：261；疏脉对节刺 *S. paucicostata* Maxim. 1（3）：261；长阳雀梅藤 *S. subcaudata* Schneid. 1（3）：262；梗花雀梅藤 *S. henryi* J. R. Drumm. et Sprague 1（3）：262

鼠李属 *Rhamnus*　鼠李 *R. davurica* Pall. 1（3）：257；刺鼠李 *R. dumetorum* Schneid. 1（3）：258

勾儿茶属 *Berchemia*　牛儿藤 *B. flavescens*（Wall.）Brongn. 1（3）：251；多叶勾儿茶 *B. polyphylla* Wall. ex Laws. 1（3）：252；勾儿茶 *B. sinica* Schneid. 1（3）：252

枳椇属 *Hovenia*　拐枣 *H. dulcis* Thunb. 1（3）：253

马甲子属 *Paliurus*　铜钱树 *P. hemsleyanus* Rehd. 1（3）：249

枣属 *Ziziphus*　枣 *Z. jujuba* Mill. 1（3）：249；酸枣 *Z. jujuba* Mill.

图 7-46

鼠李科 Rhamnaceae

枣 *Ziziphus jujuba*

A.营养枝　B.果枝　C.花　D.花瓣与雄蕊对生

var. *spinosa*（Bge.）Hu 1（3）: 250

61. 榆科 Ulmaceae

木本；单叶互生，常二列，有托叶；单被花，雄蕊着生于花被的基底，常与花被裂片对生，花柱 2 条裂；果实常具翅，1 室；核果（图 7-47）。

刺榆属 *Hemiptelea*　刺榆 *H. davidii*（Hance）Planch. 1（2）: 90

榆属 *Ulmu*　榔榆 *U. parvifolia* Jacq. 1（2）: 83；榆 *U. pumila* Linn. 1（2）: 84；灰榆 *U. glaucescens* Franch. 1（2）: 84；黄榆 *U. macrocarpa* Hance 1（2）: 85

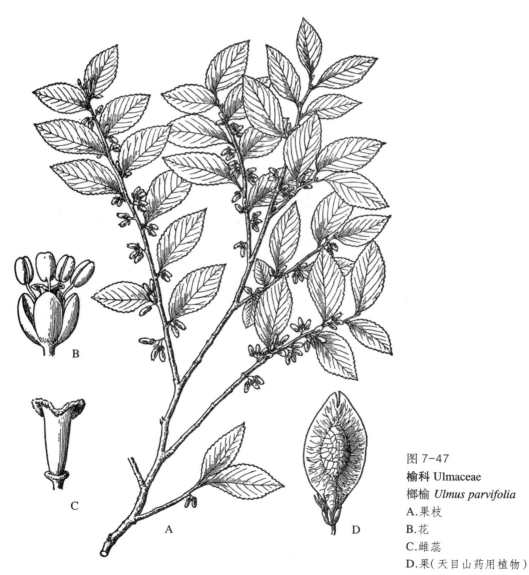

图 7-47
榆科 Ulmaceae
榔榆 *Ulmus parvifolia*
A.果枝
B.花
C.雌蕊
D.果（天目山药用植物）

<u>榉属 *Zelkova*</u>　榉 *Z. serrata*（Thunb.）Makino　1（2）：89

62. 大麻科 Cannabaceae

一年生直立草本；叶掌状全裂；花单性异株，雄花为疏散大圆锥花序，腋生或顶生；小花柄纤细，下垂；花被片 5，雄蕊 5，花丝极短；雌花丛生于叶腋，每花有 1 叶状苞片；花被退化，子房无柄，花柱 2，柱头丝状，早落，胚珠悬垂；瘦果单生于苞片内（图 7-48）。

<u>大麻属 *Cannabis*</u>　大麻 *C. sativa* Linn.　1（2）：100

<u>葎草属 *Humulus*</u>　葎草 *H. scandens*（Lour.）Merr.　1（2）：99；华忽布花 *H. lupulus* Linn. var. *cordifolius*（Miq.）Maxim. apud Franch. et

图 7-48
大麻科 Cannabaceae
大麻 *Cannabis sativa*
A. 花枝
B. 雄花
C. 雌花
D. 瘦果外苞片
E. 瘦果
F. 根

Savat. 1（2）：9

朴属 *Celtis*　小叶朴 *C. bungeana* Bl. 1（2）：87；大叶朴 *C. koraiensis*
Nakai 1（2）：87；朴树 *C. sinensis* Pers. 1（2）：88

青檀属 *Pteroceltis*　青檀 *P. tatarinowii* Maxim. 1（2）：89

63. 桑科 Moraceae

木本，常有乳汁；单叶互生；花小，单性，单被，4基数；聚花果（图
7-49）。

桑属 *Morus*　岩桑 *M. mongolica*（Bureau）Schneid. 1（2）：95；桑 *M.
alba* Linn. 1（2）：96；鸡桑 *M. australis* Poir. 1（2）：97

柘属 *Cudrania*　柘树 *C. tricuspidata*（Carr.）Bureau ex Lavall. 1（2）：

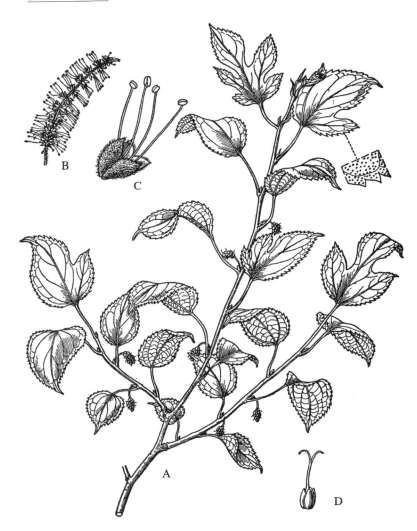

图 7-49
桑科 Moraceae
鸡桑 *Morus australis*
A. 花枝
B. 雄花序
C. 雌花
D. 雌花

94

构属 *Broussonetia* 构树 *B. papyrifera*（Linn.）L'Herit. ex Vent. 1（2）: 97

榕属（无花果属）*Ficus* 无花果 *F. carica* Linn. 1（2）: 92；异叶天仙果 *F. heteromorpha* Hemsl. 1（2）: 92

64. 荨麻科 Urticaceae

草本；茎皮纤维发达；叶内有钟乳体；花单性，单被，聚伞花序；核果或瘦果（图 7-50）。

图 7-50
荨麻科 Urticaceae
苎麻 *Boehmeria nivea*
A.花枝
B.雄花序
C.雌花序
D.果

蝎子草属 *Girardinia*　蝎子草 *G. cuspidata* Wedd. 1（2）：107；大蝎子草 *G. palmata* Gaud. 1（2）：107

荨麻属 *Urtica*　宽叶荨麻 *U. laetevirens* Maxim. 1（2）：102；麻叶荨麻 *U. cannabina* Linn. 1（2）：102；裂叶荨麻 *U. fissa* Pritz. 1（2）：103

艾麻属 *Laportea*　螫麻 *L. dielsii* Pamp. 1（2）：105；珠芽螫麻 *L. bulbifera*（Sieb. et Zucc.）Wedd. 1（2）：104；顶花螫麻 *L. terminalis* C. H. Wright 1（2）：105；艾麻 *L.*（*Sceptrocnide*）*macrostachya* Maxim. 1（2）：106

楼梯草属 *Elatostema*　大楼梯草 *E. umbellatum* Bl. var. *majus* Maxim. 1（2）：112；钝叶楼梯草 *E. obtusum* Wedd. 1（2）：111

冷水花属 *Pilea*　山冷水花 *P. japonica*（Maxim.）Hand. -Mzt. 1（2）：108；石筋草 *P. plataniflora* C. H. Wright 1（2）：108；冷水花 *P. notata* C. H. Wright 1（2）：109；扁化冷水花 *P. fasciata* Franch. 1（2）：110；异被冷水花 *P. martinii*（Lévl.）Hand. -Mzt. 1（2）：110；荫地冷水花 *P. hamaoi* Makino 1（2）：110；透茎冷水花 *P. mongolica* Wedd. 1（2）：110

苎麻属 *Boehmeria*　苎麻 *B. nivea*（Linn.）Gaud. 1（2）：114；野苎麻 *B. gracilis* C. H. Wright 1（2）：115；赤麻 *B. tricuspis*（Hance）Makino 1（2）：115；悬铃木叶苎麻 *B. platanifolia* Franch. et Savat. 1（2）：115

水麻属 *Debregeasia*　水麻 *D. edulis*（Sieb. et Zucc.）Wedd. 1（2）：117

糯米团属 *Memorialis*　糯米团 *M. hirta*（Bl.）Wedd. 1（2）：113

雾水葛属 *Pouzolzia*　雾水葛 *P. zeylanica*（L.）Benn. 1（a）：99

墙草属 *Parietaria*　墙草 *P. micrantha* Ledeb. 1（2）：116

65. 壳斗科 Fagaceae

木本；单叶互生，托叶早落，羽状脉直达叶缘；子房下位；坚果，包于壳斗（木质化的总苞）内（图 7-51）。

水青冈属 *Fagus*　米心树 *F. engleriana* Seem. 1（2）：71

青冈属（槠属）*Cyclobalanopsis*　槠（青冈）*C. glauca*（Thunb.）Oerst. 1（2）：73；小叶槠 *C. glauca*（Thunb.）Oerst. var. *gracilis*（Rehd. et Wils.）Y. T. Chang 1（2）：73

栎属 *Quercus*　铁橡树 *Q. spinosa* David apud Franch. 1（2）：74；青檀 *Q. spathulata* Seem. 1（2）：75；檀子树 *Q. baronii* Skan 1（2）：76；

尖叶栎 *Q. oxyphylla*（Wils.）Hand. -Mzt. 1（2）: 76；槲树 *Q. dentata* Thunb. 1（2）: 78；槲栎 *Q. aliena* Bl. 1（2）: 79；锐齿栎 *Q. aliena* Bl. var. *acuteserrata* Maxim. apud Wenz. 1（2）: 80；辽东栎 *Q. liaotungensis* Koidz. 1（2）: 80；栓皮栎 *Q. variabilis* Bl. 1（2）: 81；麻栎 *Q. acutissima* Carr. 1（2）: 82

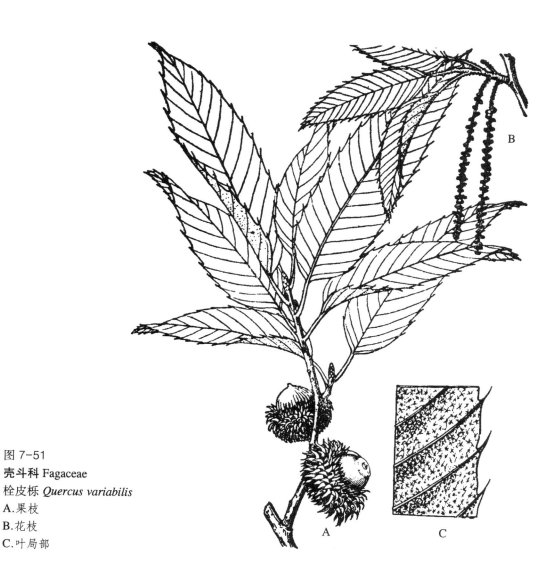

图 7-51
壳斗科 Fagaceae
栓皮栎 *Quercus variabilis*
A.果枝
B.花枝
C.叶局部

栗属 *Castanea*　板栗 *C. mollissima* Bl. 1（2）：71；茅栗 *C. seguinii* Dode 1（2）：72

66. 胡桃科 Juglandaceae

落叶乔木；羽状复叶；单性花，子房下位；坚果核果状或具翅（图7-52）。

化香树属 *Platycarya*　化香树 *P. strobilacea* Sieb. et Zucc. 1（2）：47

青钱柳属 *Cyclocarya*　青钱柳 *C. paliurus*（Batal.）Iljinsk. 1（2）：52

枫杨属 *Pterocarya*　瓦山水胡桃 *P. insignis* Rehd. et Wils. 1（2）：50；枫杨 *P. stenoptera* DC. 1（2）：50；湖北枫杨 *P. hupehensis* Skan 1（2）：51

图 7-52
胡桃科 Juglandaceae
野胡桃 *Juglans cathayensis*
A.花枝
B.果枝
C.雄花

胡桃属 *Juglans* 胡桃 *J. regia* Linn. 1（2）：48；野胡桃 *J. cathayensis* Dode 1（2）：49

67. 桦木科 Betulaceae

落叶木本；单叶互生；单性同株，雄花序为葇荑花序，每一苞片内有雄花 1 或 3 朵，子房下位；果苞脱落或宿存，坚果（图 7-53）。

图 7-53
桦木科 Betulaceae
千金榆 *Carpinus cordata*
A.果枝
B.雄蕊枝

桤木属 *Alnus*　桤木 *A. cremastogyne* Burk. 1（2）：57

桦木属 *Betula*　矮桦 *B. potaninii* Batal. 1（2）：53；坚桦 *B. chinensis* Maxim. 1（2）：54；白桦 *B. platyphylla* Suk. 1（2）：55；亮叶桦 *B. luminifera* Winkl. 1（2）：55；红桦 *B. albo-sinensis* Burk. 1（2）：56；牛皮桦 *B. albo-sinensis* Burk. var. *septentrionalis* Schneid. 1（2）：57

榛属 *Corylus*　刺榛 *C. tibetica* Batal. 1（2）：58；华榛 *C. chinensis* Franch. 1（2）：60；榛 *C. heterophylla* Fisch. ex Trautv. 1（2）：61

虎榛子属 *Ostryopsis*　虎榛子 *O. davidiana*（Baill.）Decne. 1（2）：68

铁木属 *Ostrya*　铁木 *O. japonica* Sarg. 1（2）：69

鹅耳枥属 *Carpinus*　千金榆 *C. cordata* Bl. 1（2）：62；鹅耳枥 *C. turczaninowii* Hance 1（2）：65；多脉鹅耳枥 *C. polyneura* Franch. 1（2）：63；川鄂鹅耳枥 *C. henryana*（Winkl.）Winkl. 1（2）：64；单齿鹅耳枥 *C. simplicidentata* Hu 1（2）：64；柔毛鹅耳枥 *C. pubescens* Burk. 1（2）：65；陕西鹅耳枥 *C. shensiensis* Hu 1（2）：67；河南鹅耳枥 *C. funiushanensis* P. C. Kuo 1（2）：67

68. 马桑科 Coriariaceae

灌木或亚灌木状草本；小枝具棱角，单叶全缘，非互生；花小单性，5数，总状，瓣比萼小，肉质，花后增大包果；浆果状瘦果。

马桑 *Coriaria sinica* Maxim. 1（3）：185

69. 葫芦科 Cucurbitaceae

藤本；卷须与叶对生，单叶互生，稀鸟足状复叶；花单性，花药药室常曲形，子房下位；瓠果（图7-54）。

雪胆属 *Hemsleya*　马铜铃 *H. graciliflora*（Harms.）Cogn.

绞股蓝属 *Gynostemma*　绞股蓝 *G. pentaphyllum*（Thunb.）Makino 1（5）：115

盒子草属 *Actinostemma.*　盒子草 *A. tenerum* Griff. 1（a）：305

赤瓟属 *Thladiantha*　赤瓟 *T. dubia* Bge. 1（5）：99；南赤瓟 *T. nudiflora* Hemsl. 1（5）：100

苦瓜属 *Momordica*　木鳖 *M. cochinchinensis*（Lour.）Spreng. 1（5）：103；苦瓜 *M. charantia* Linn. 1（5）：103

裂瓜属 *Schizopepon*　湖北裂瓜 *S. dioicus* Cogn. 1（5）：102

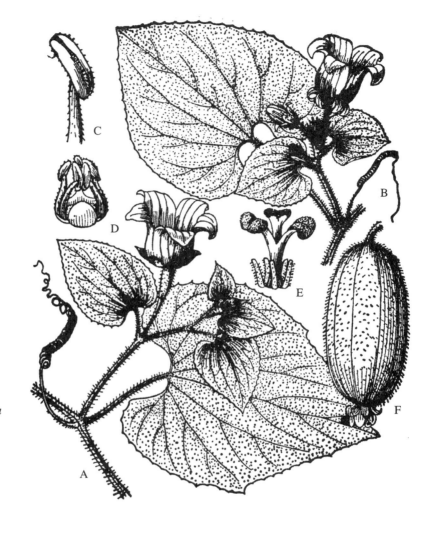

图 7-54
葫芦科 Cucurbitaceae
赤瓟 *Thladiantha dubia*
A.雄枝
B.雌枝
C.雄蕊
D.去花瓣的雄花
E.雌蕊
F.瓠果

栝楼属 *Trichosanthes*　栝楼 *T. kirilowii* Maxim. 1（5）：111

70. 秋海棠科 Begoniaceae

多年生肉质草本；单叶互生，茎有节，叶不对称基歪斜；花单性同株，多腋生二歧聚伞花序，下位子房，常有棱或翼，柱头膨大常扭曲；蒴果，有时浆果状，常有明显不等大的 3 翅（图 7-55）。

中华秋海棠 *Begonia sinensis* A. DC. 1（3）：328

71. 卫矛科 Celastraceae

单叶；花小，淡绿色，聚伞花序，子房常为花盘所绕或多少陷入其中，雄蕊位于花盘之上、边缘或下方；种子常有肉质假种皮。

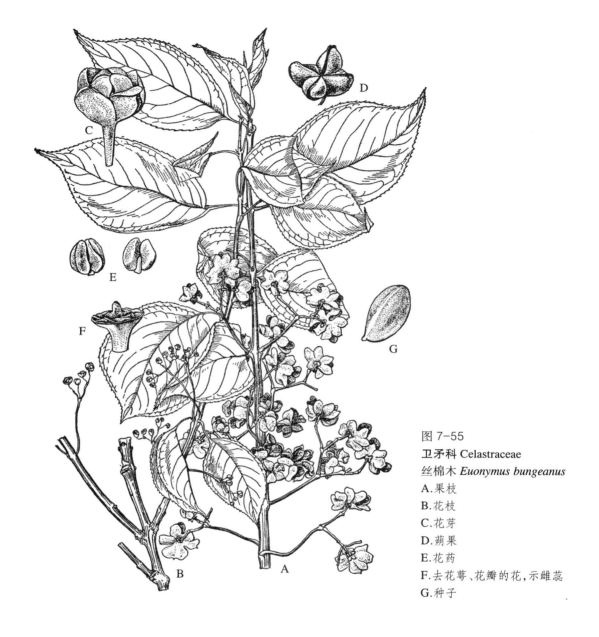

图 7-55
卫矛科 Celastraceae
丝棉木 *Euonymus bungeanus*
A.果枝
B.花枝
C.花芽
D.蒴果
E.花药
F.去花萼、花瓣的花,示雌蕊
G.种子

　　梅花草属 *Parnassia*（原放虎耳草科苍耳七属）　苍耳七 *P. wightiana*
Wall.　ex Wight et Arn. 1（2）：441；芒药苍耳七 *P. delavayi* Franch. 1
（2）：442；四川苍耳七 *P. oreophila* Hance 1（2）：443；绿花苍耳七 *P.
viridiflora* Batal. 1（2）：443

　　南蛇藤属 *Celastrus*　苦皮藤 *C. angulatus* Maxim.　1（3）：211；粉背
南蛇藤 *C. hypoleucus*（Oliv.）Warb. apud Loes. 1（3）：212；短梗南蛇

藤 *C. rosthornianus* Loes.；南蛇藤 *C. orbiculatus* Thunb. 1（3）：214

卫矛属 *Euonymus*　卫矛 *E. alatus*（Thunb.）Sieb. 1（3）：199；栓翅卫矛 *E. phellomanus* Loes. 1（3）：200；丝棉木 *E. bungeanus* Maxim. 1（3）：201；冬青卫矛 *E. japonicus* Thunb. 1（3）：206；五角卫矛 *E. cornutus* Hemsl. var. *quinquecornutus*（Comber）Blakelock 1（3）：207；石枣子 *E. sanguineus* Loes. 1（3）：207；紫花卫矛 *E. prophyreus* Loes. 1（3）：208；陕西卫矛 *E. schensianus* Maxim. 1（3）：209；大花卫矛 *E. grandiflorus* Wall. 1（3）：203；扶芳藤 *E. fortunei*（Turcz.）Hand. -Mzt. 1（3）：205

72. 酢浆草科 Oxalidaceae

草本；指状复叶或羽状复叶；萼 5 裂，花瓣 5，雄蕊 10，下位，基部合生，花柱 5，中轴胎座；蒴果或肉质浆果。

酢浆草 *Oxalis corniculata* Linn. 1（3）：116；白花酢浆草 *Oxalis acetosella* Linn. 1（3）：116

73. 杜英科 Elaeocarpaceae

木本；单叶，互生；花单生或总状或圆锥花序，4～5 数，花瓣绝非旋转状排列，有时缺，先端常撕裂状；雄蕊多数，分离，花药孔裂，先端常有芒状附属物；花盘环形或分裂成腺体状；核果或刺蒴果。

猴欢喜属 *Sloanea*　仿栗 *S. hemsleyana*（Ito）Rehd. et Wils. 1（3）：274

74. 大戟科 Euphorbiaceae

植物体常有乳汁；花单性，子房上位，常 3 室，胚珠悬垂；常蒴果（图 7-56）。

山麻杆属 *Alchornea*　山麻杆 *A. davidii* Franch. 1（3）：173

野桐属 *Mallotus*　野桐 *M. tenuifolius* Pax 1（3）：176；粗糠柴 *M. philippinensis*（Lam.）Muell. -Arg. 1（3）：175

铁苋菜属 *Acalypha*　铁苋菜 *A. australis* Linn. 1（3）：172；木本铁苋菜 *A. acmophylla* Hemsl. 1（3）：172；短穗铁苋菜 *A. brachystachya* Hornem. 1（3）：173

地构叶属 *Speranskia*　华南地构叶 *S. cantonensis*（Hance）Pax et Hoffm. 1（3）：169；疣果地构叶 *S. tuberculata*（Bge.）Baill. 1（3）：169

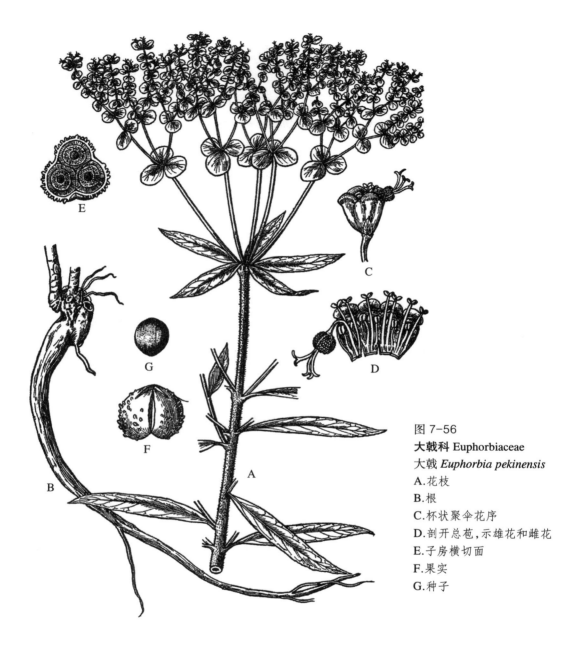

图 7-56
大戟科 Euphorbiaceae
大戟 *Euphorbia pekinensis*
A.花枝
B.根
C.杯状聚伞花序
D.剖开总苞,示雄花和雌花
E.子房横切面
F.果实
G.种子

<u>油桐属 *Vernicia*</u>　油桐 *V. fordii*（Hemsl）Airy Shaw 1（3）：170

<u>乌柏属 *Sapium*</u>　乌桕 *S. sebiferum*（Linn.）Roxb. 1（3）：179

<u>大戟属 *Euphorbia*</u>　大戟 *E. pekinensis* Pupr. 1（3）：159；湖北大戟 *E. hylonoma* Hand. -Mzt. 1（3）：160；地锦草 *E. humifusa* Willd. 1（3）：160；泽漆 *E. helioscopia* Linn. 1（3）：161；乳浆大戟 *E. esula* Linn. 1（3）：

162；续随子 *E. lathyris* Linn. 1（3）：162；甘遂 *E. kansui* Liou 1（3）：162；华北大戟 *E. lunulata* Bge. 1（3）：163

75. 叶下珠科 Phyllanthaceae

乔木、灌木、草本，稀藤本；植物体无内生韧皮部，大多数无乳汁管组织；单叶，稀三出复叶，通常全缘，基部和叶柄均无腺体；花单性（雌雄同株成异株），辐射对称；心皮 3、合生；子房上位常 3 裂；花柱 3、每枚常 2 裂；果实常为分果，裂片从宿存中柱弹性开裂（图 7−57）。

雀舌木属 *Leptopus*　雀儿舌头 *L. chinensis*（Bge.）Pojark. 1（3）：168

图 7−57
叶下珠科 Phyllanthaceae
算盘子 *Glochidion puberum*
A.花枝
B.果枝
C.雄花
D.去萼片后的雄花,示雄蕊,
E. 雌花子房横切面

叶下珠属（油柑属）*Phyllanthus*　　叶下珠 *P. urinaria* Linn. 1（3）: 165；黄珠子草 *P. simplex* Retz. 1（3）: 165

算盘子属 *Glochidion*　　算盘子 *G. puberum*（Linn.）Hutch. 1（3）: 166

76. 杨柳科 Salicaceae（大风子科 Flacourtiaceae 并入）

木本；单叶互生，有托叶；花单性异株，葇荑花序，裸花；蒴果；种子有丝状毛（图 7–58）。

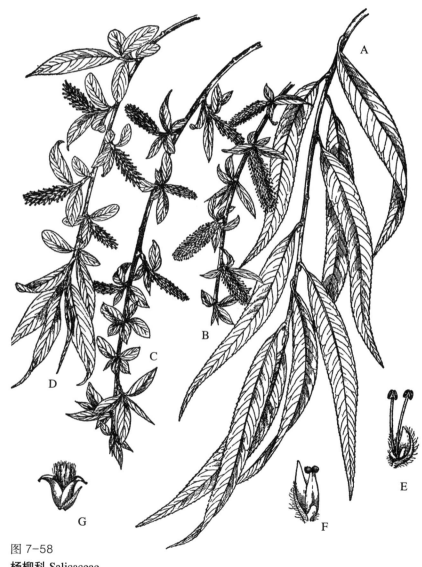

图 7–58

杨柳科 Salicaceae

垂柳 *Salix babylonica*

A.营养枝　B.雄花枝　C.雌花枝　D.果枝　E. 雄花　F.雌花　G.果实

柞木属 *Xylosma*　檬子树 *X. japonicum*（Walp.）A. Gray var. *pubescens*（Rehd. et Wils.）C. Y. Chang 1（3）: 32

山桐子属 *Idesia*　山桐子 *I. polycarpa* Maxim. 1（3）: 325；毛叶山桐子 *I. polycarpa* Maxim. var. *vestita* Diels 1（3）: 326

山拐枣属 *Poliothyrsis*　山拐枣 *P. sinensis* Oliv. 1（3）: 326

杨属 *Populus*　银白杨 *P. alba* Linn. 1（2）: 16；毛白杨 *P. tomentosa* Carr. 1（2）: 17；加拿大杨 *P. canadensis*（P. deltoides × P. nigra）Moench. 1（2）: 17；钻天杨 *P. pyramidalis*（Spach）Roz. 1（2）: 18；山杨 *P. davidiana* Dode 1（2）: 20；太白杨 *P. purdomii* Rehd. 1（2）: 21；小叶杨 *P. simonii* Carr. 1（2）: 22

柳属 *Salix*　垂柳 *S. babylonica* Linn. 1（2）: 33；旱柳 *S. matsudana* Koidz. 1（2）: 34；翻白柳 *S. hypoleuca* Seem. 1（2）: 37；黄花柳 *S. caprea* Linn. 1（2）: 41；狭叶腺柳 *S. glandulosa* Seem. var. *stenophylla* C. Wang et C. Y. Yu 1（2）: 30；紫柳 *S. wilsonii* Seem. 1（2）: 29；腺柳 *S. glandulosa* Seem. 1（2）: 29；匍地柳 *S. hirticaulis* Hand.-Mzt. 1（2）: 31；杜鹃柳 *S. rhododendroides* C. Wang et C. Y. Yu 1（2）: 32；巫山柳 *S. fargesii* Burk. 1（2）: 32；甘肃柳 *S. kansuensis* K. S. Hao 1（2）: 33

77. 堇菜科 Violaceae

草本，有少数为灌木；单叶互生，有长叶柄，具托叶；花两性，花瓣为 5，不整齐，下面一瓣比其他瓣较大；雄蕊 5，它们边缘相接围绕雌蕊形成一环；花丝极短，远轴端的 2 个花药或所有花药背部具有腺状或距状蜜腺，药隔常具有三角形的、膜质的顶部附属物；心皮 3，合生，子房上位，具侧膜胎座；花柱 1，常弯曲或带钩，末端增大或变态；柱头常扩大而具有小的接受区；蒴果；种子具有假种皮（图 7–59）。

鸡腿堇菜 *Viola acuminata* Ledeb. 1（3）: 312；双花堇菜 *Viola biflora* Linn. 1（3）: 314；三色堇 *Viola tricolor* Linn. var. hortensis DC. 1（3）: 314；深山堇菜 *Viola selkirkii* Pursh apud Goldie 1（3）: 319；早开堇菜 *Viola prionantha* Bge. 1（3）: 321；紫花地丁 *Viola philippica* Cav. ssp. munda W. Beck. 1（3）: 322；大叶堇菜 *Viola diamantiaca* Nakai 1（3）: 321；白毛堇菜 *Viola yedoensis* Makino 1（3）: 323；蔓茎堇菜 *Viola diffusa* Ging. 1（3）: 315；萱 *Viola vaginata* Maxim. 1（3）: 316；光叶堇菜 *Viola hossei*

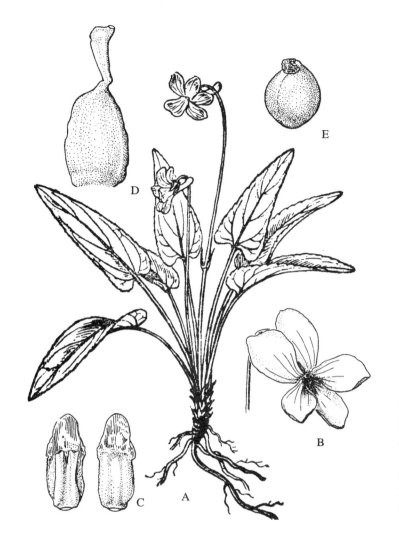

图 7-59

堇菜科 Violaceae

紫花地丁 *Viola philippica*

A.开花的植株

B.花

C.雄蕊(近轴面、远轴面)

D.雌蕊

E.种子

W. Beck. 1（3）: 317；深圆齿堇菜 *Viola davidii* Franch. 1（3）: 317；毛果

堇菜 *V. collina* Bess. 1（3）: 318

78. 金丝桃科 Hypericaceae

茎叶常具油腺点，单叶全缘对生或轮生，无托叶；花两性整齐，雄蕊

多数常成束；上位子房心皮 3 或 5 多少合生，柱头放射状；蒴果或浆果（图

7-60）。

黄海棠 *Hypericum ascyron* Linn. 1（3）: 303；元宝草 *Hypericum sampsonii*

Hance 1（3）: 304；突脉金丝桃 *Hypericum przewalskii* Maxim. 1（3）: 304；

贯叶连翘 *Hypericum perforatum* Linn. 1（3）: 305；长柱金丝桃 *Hypericum*

图 7-60

金丝桃科 Hypericaceae

黄海棠 *Hypericum ascyron*

A.开花的植株

B.根

C.花

D.萼片与雌蕊

E.果实

F.种子

longistylum Oliv. 1（3）：306；金丝桃 *Hypericum chinense* Linn. 1（3）：306；金丝梅 *Hypericum patulum* Thunb. 1（3）：306；川陕遍地金 *Hypericum subcordatum*（R. Keller）N. Robson 1（a）：229；扬子小连翘 *Hyperieum faberi* R. Keller（a）：229

　　锦葵类植物：包括牻牛儿苗目、桃金娘目、缨子木目、美洲苦木目、无患子目、腺椒树目、锦葵目、十字花目 8 个目。

　　79. 牻牛儿苗科 Geraniaceae

　　草本，常有腺毛；叶片掌裂或羽裂；有托叶；花两性，5 数；萼 5 裂，背面一片有时有距（天竺葵属）；雄蕊 10，基着药。蒴果干燥有长喙（由中轴延伸而来），成熟时果瓣由基部向上掀起，但为花柱所联结（图 7−61）。

老鹳草属 *Geranium*　鼠掌老鹳草 *G. sibiricum* Linn. 1（3）：121；血见愁老鹳草 *G. henryi* Kunth 1（3）：121；毛蕊老鹳草 *G. eriostemon* Fisch. ex DC. 1（3）：123；老鹳草 *G. wilfordii* Maxim. 1（3）：124；陕西老鹳草 *G. shensianum* Kunth 1（3）：125；湖北老鹳草 *G. hupehanum* Kunth 1（3）：125；粗根老鹳草 *G. dahuricum* DC. 1（3）：122

牻牛儿苗属 *Erodium*　牻牛儿苗 *E. stephanianum* Willd. 1（3）：119；

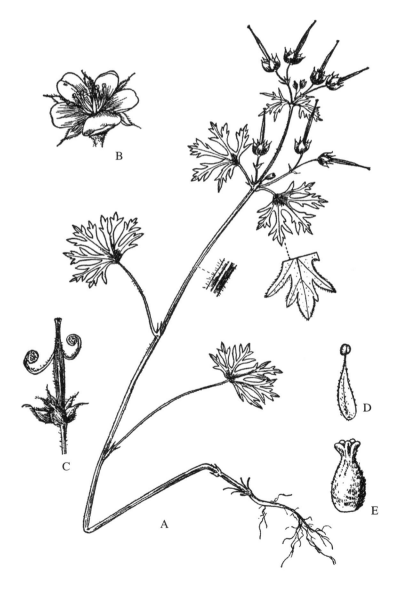

图 7−61
牻牛儿苗科 Geraniaceae
老鹳草 *Geranium wilfordii*
A.具果的植株
B.花
C.果实
D.雄蕊
E.雌蕊

芹叶牻牛儿苗 *E. cicutarium*（Linn.）L'Her. 1（3）：119

80. 千屈菜科 Lythraceae

枝四棱形；叶对生，全缘，无托叶；花两性整齐，花萼管状；花瓣在花蕾中常皱褶；花丝不等长，着生于萼管上低于瓣基；蒴果（图 7-62）。

千屈菜属 *Lythrum*　千屈菜 *L. salicaria* Linn. 1（3）：344

紫薇属 *Lagerstroemia*　紫薇 *L. indica* Linn. 1（3）：342

菱属 *Trapa*　菱 *T. bispinosa* Roxb. 1（3）：348

图 7-62
千屈菜科 Lythraceae
紫薇 *Lagerstroemia indica*
A.花枝
B.花瓣
C.果实

水苋菜属 *Ammannia* 耳叶水苋 *A. arenaria* H. B. K. 1（3）：343

81. 柳叶菜科 Onagraceae

草本；单叶，羽状脉；无限花序；常两性，花托延伸于子房之上呈萼管状，萼片 4，花瓣 4，雄蕊 8，心皮 4，合生，子房下位；雌配子体具 4 核（月见草型）；多为蒴果（图 7-63）。

露珠草属 *Circaea* 高山露珠草 *C. alpina* Linn. 1（3）：350；露珠草 *C. quadrisulcata*（Maxim.）Franch. et Savat. 1（3）：350

柳兰属 *Chamaenerion* 柳兰 *C. angustifolium*（Linn.）Scop. 1（3）：355

柳叶菜属 *Epilobium* 柳叶菜 *E. hirsutum* Linn. 1（3）：353；光华柳叶菜 *E. cephalostigma* Hausskn. 1（3）：354；小花柳叶菜 *E. parviflorum*

图 7-63
柳叶菜科 Onagraceae
柳兰 *Chamaenerion angustifolium*
A.花枝
B.花上部，雄蕊着生在花托的顶部
C.柱头

Schreb. 1（3）: 354；沼生柳叶菜 *E. palustre* Linn. 1（3）: 354

月见草属 *Oenothera*　待霄草 *O. odorata* Jacq. 1（3）: 356

82. 桃金娘科 Myrtaceae

常绿木本；单叶全缘，具透明油点；花萼或花瓣常连成帽体，雄蕊在花蕾时卷曲或折曲，子房下位。

83. 省沽油科 Staphyleaceae

三小叶对生；有托叶和小托叶；花整齐 5 数，总状或圆锥花序；肿胀的蒴果（省沽油属）、浆果（山香圆属）或蓇葖果（野鸦椿属）（图 7-64）。

图 7-64
省沽油科 Staphyleaceae
省沽油 *Staphylea bumalda*
A.花枝
B.花
C.果实

省沽油 *Staphylea bumalda* DC. 1（3）：215；膀胱果 *Staphylea holocarpa* Hemsl. 1（3）：215；野鸦椿 *Euscaphis japonica*（Thunb.）Dippel 1（3）：216

84. 旌节花科 Stachyuraceae

灌木或小乔木，有时攀缘状；小枝明显具髓；单叶互生，有锯齿，托叶早落，叶柄常带红色；总状或穗状花序腋生；花小，整齐，萼4 瓣4；雄蕊8；浆果。

中国旌节花 *Stachyurus chinensis* Franch. 1（3）：327

85. 熏倒牛科 Biebersteniaceae

茎、叶具黄色腺毛和浓烈气味；叶互生，具托叶，叶片1~3 回羽状分裂；花序总状或圆锥状聚伞花序；萼片5，花瓣5，黄色，覆瓦状排列；雄蕊10，基部合生成环，腺体5，与花瓣互生；子房由5 心皮组成，每室具1 胚珠，花柱自裂隙底部伸出，柱头5 裂；蒴果无喙。

熏倒牛属 *Bieberstenia* 熏倒牛 *B. heterostemon* Maxim. 1（3）：118

86. 白刺科 Nitrariaceae

落叶灌木；叶不分裂，线形，肉质；小枝有刺；花小，黄绿色，花瓣5；核果。

白刺属 *Nitraria* 白刺 *N. tangutorum* Bobr.；小果白刺 *N. sibirica* Pall.

骆驼蓬属 *Peganum* 骆驼蓬 *P. harmala* Linn. 1（3）：129

87. 漆树科 Anacardiaceae

木本；单叶、掌状三小叶或奇数羽状复叶，互生；花小，辐射对称，雄蕊内有花盘，子房常1 室；核果（图7-65）。

南酸枣属 *Choerospondias.* 毛脉南酸枣 *C. axillaris*（Roxb.）Burtt et Hill var. *pubinervis*（Rehd. et Wils.）Burtt et Hill 1（3）：188

漆属 *Toxicodendron* 漆树 *T. vernicifluum*（Stokes）F. A. Barkley 1（3）：191

黄栌属 *Cotinus* 粉背黄栌 *C. coggygria* Scop. var. *glaucophylla* C. Y. Wu 1（3）：186；毛黄栌 *C. coggygria* Scop. var. *pubescens* Engl. 1（3）：187

黄连木属 *Pistacia* 黄连木 *P. chinensis* Bge. 1（3）：188

盐肤木属 *Rhus* 盐肤木 *R. chinensis* Mill. 1（3）：189；红麸杨 *R. punjabensis* Stew. var. *sinica*（Diels）Rehd. et Wils. 1（3）：190；青麸

图 7-65
漆树科 Anacardiaceae
漆树 *Toxicodendron*
vernicifluum
A.花枝
B.雄花
C.花萼外侧
D.雌花
E.雌蕊
F.果枝

杨 *R. potaninii* Maxim. 1（3）: 191

88. 无患子科 Sapindaceae

乔木、灌木，或具有卷须的藤本，常羽状复叶；花常为单性花（雌雄同株、多少雌雄同株或为杂性花）；萼片 4 或 5，花瓣内侧基部常有毛或鳞片，花盘发达，位于雄蕊的外方，雄蕊 8 枚或更少，花丝离生，通常具柔毛或疣状突起；心皮 2 或 3；种子常具假种皮（图 7-66）。

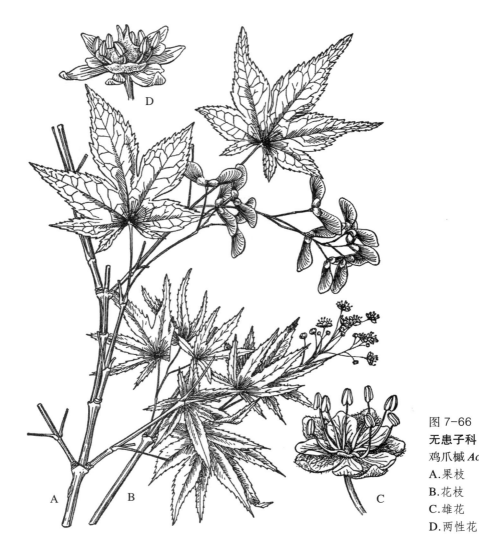

图 7-66
无患子科 Sapindaceae
鸡爪槭 *Acer palmatum*
A.果枝
B.花枝
C.雄花
D.两性花

文冠果属 *Xanthoceras*　文冠果 *X.　sorbifolia* Bge. 1（3）：239

金钱槭属 *Dipteronia*　金钱槭 *D.　sinensis* Oliv. 1（3）：217

槭属 *Acer*　庙台槭 *A. miaotaiense* Tsoong 1（3）：220；地锦槭 *A. mono* Maxim. 1（3）：221；元宝槭 *A.　truncatum* Bge. 1（3）：221；茶条槭 *A. ginnala* Maxim. 1（3）：223；青榨槭 *A.　davidii* Franch. 1（3）：228；青蛙皮槭 *A.　grosseri* Pax 1（3）：229；血皮槭 *A.　griseum*（Franch.）Pax 1（3）：231；建始槭 *A.　henryi* Pax 1（3）：233；五裂槭 *A.　oliverianum* Pax 1（3）：225；毛花槭 *A.　erianthum* Schwer. 1（3）：225；梣叶槭 *A. negundo* Linn. 1（3）：234；鸡爪槭 *A.　palmatum* Thunb. 1（a）：211；重齿槭 *A.*

maximowiczii Pax 1（3）：229；毛果槭 *A. franchetii* Pax 1（3）：230

  七叶树属 *Aesculus* 七叶树 *A. chinensis* Bge. 1（3）：234

  栾属 *Koelreuteria* 栾树 *K. paniculata* Laxm. 1（3）：238

  无患子属 *Sapindus* 无患子 *S. mukorossi* Gaertn. 1（3）：237

  倒地铃属 *Cardiospermum* 倒地铃 *C. halicacabum* Linn. 1（3）：236

89. 芸香科 Rutaceae

有油腺，含芳香油，叶具透明腺点；多复叶；下位花盘，外轮雄蕊常
与花瓣对生；柑果、蓇葖果等（图 7-67）。

  芸香属 *Ruta* 臭草（芸香）*R. graveolens* Linn. 1（3）：132

图 7-67
芸香科 Rutaceae
枳 *Poncirus trifoliata*
A.果枝
B.花枝
C.花
D.花萼
E.雌蕊
F.雄蕊

柑橘属 *Citrus*　柑橘 *C. reticulata* Blanco 1（3）：147；柚 *C. grandis*（Linn.）Osbeck 1（3）：147；酸橙 *C. aurantium* Linn. 1（3）：148；橙 *C. sinensis*（Linn.）Osbeck 1（3）：148

枳属 *Poncirus*　枳 *P. trifoliata*（L.）Raf. 1（3）：145

金橘属 *Fortunella*　金橘 *F. a margarita*（Lour.）Swingle 1（3）：146

臭常山属 *Orixa*　臭常山 *O. japonica* Thunb. 1（3）：141

白藓属 *Dictamnus*　白藓 *D. dasycarpus* Turcz. 1（3）：131

花椒属 *Zanthoxylum*　异叶花椒 *Z. dimorphophyllum* Hemsl. 1（3）：136；花椒 *Z. bungeanum* Maxim. 1（3）：137；竹叶花椒 *Z. armatum* DC. 1（3）：139；毛叶花椒 *Z. bungeanum* Maxim. var. *pubescens* Huang 1（3）：138；大金花椒 *Z. piasezkii* Maxim. 1（3）：138；狭叶花椒 *Z. stenophyllum* Hemsl. 1（3）：140；蚬壳花椒 *Z. dissitum* Hemsl. 1（3）：140

黄檗属 *Phellodendron*　秃叶黄皮树 *P. chinense* Schneid. var. *glabri-usculum* Schneid. 1（3）：143

吴茱萸属 *Evodia*　蜜楝 *E. lenticellata* Huang 1（3）：134；吴茱萸 *E. rutaecarpa*（Juss.）Benth. 1（3）：134；臭檀 *E. demiellii*

90. 苦木科 Simaroubaceae

直立木本，树皮通常有苦味；羽状复叶多互生，花小单性整齐，3～5 基数，腋生圆锥或总状花序；雄蕊与花瓣同数或为其 2 倍，分离花丝在基部有 1 鳞片，丁字药；有花盘；翅果（臭椿属）、核果（海人树属、鸦胆子属、苦木属）（图 7-68）。

苦树 *Picrasma quassioides*（D. Don）Benn. 1（3）：149；臭椿 *Ailanthus altissima*（Mill.）Swingle 1（3）：150；刺樗 *Ailanthus vilmoriniana* Dode 1（3）：151

91. 楝科 Meliaceae

乔木或灌木；羽状复叶互生，小叶全缘基偏斜，无托叶；花两性整齐，4～5 数，圆锥花序；萼小；雄蕊花丝合生成短于花瓣的雄蕊管（管顶全缘或撕裂）或分离（香椿属、洋椿属）；子房上位；蒴浆核果；种子常有假种皮（图 7-69）。

香椿 *Toona sinensis*（A. Juss.）Roem. 1（3）：152；楝 *Melia azedarach*

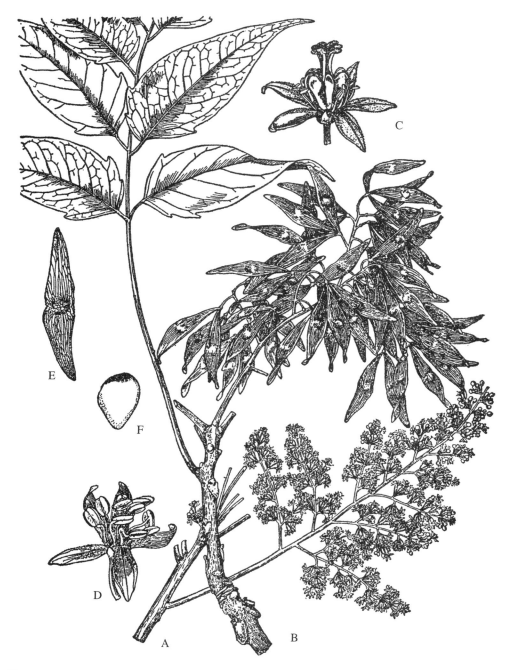

图 7-68

苦木科 Simaroubaceae

臭椿 *Ailanthus altissima*

A. 花枝　B. 果枝　C.雌花　D.雄花　E.翅果　F.种子

图 7-69
棣科 Meliaceae
棣 *Melia azedarach*
A.花枝
B.果枝
C.花
D.合生的花丝
E.雌蕊
F.子房纵切面
G.子房横切面

Linn. 1（3）：153；川棣 *Melia toosendan* Sieb. et Zucc. 1（3）：154

92. 瘿椒树科 Tapisciaceae

乔木；奇数羽状复叶或三数复叶，有托叶，边缘有齿；雄花与两性花异株；花小，花瓣 5；核果近球形或椭圆形。

瘿椒树 *Tapiscia sinensis* Oliv. 1（a）：208

93. 锦葵科 Malvaceae（包括椴树科）

单叶互生，常为掌状叶脉，有托叶；花常 5 基数，合生；单体雄蕊，花丝连合成管，花药一室，肾形；中轴胎座；蒴果或分果，具胚乳（图 7-70）。

扁担杆属 *Grewia* 扁担木 *G. biloba* G. Don. var. *parviflora*（Bge.）

图 7-70
锦葵科 Malvaceae
木槿 *Hibiscus syriacus*
A.花枝
B.花
C.果实
D.星状茸毛

Hand. -Mzt. 1（3）: 280

椴属 *Tilia*　网脉椴 *T. dictyoneura* V. Engl. ex C. Schneid. 1（3）: 278；白背椴 *T. oliveri* Szyssyl. 1（3）: 279；华椴 *T. chinensis* Maxim. 1（3）: 279；亮绿椴 *T. laetevirens* Rehd. et Wils. 1（3）: 279

梧桐属 *Firmiana*　梧桐 *F. simplex*（Linn.）W. F. Wight 1（3）: 291

田麻属 *Corchoropsis*　田麻 *C. tomentosa*（Thunb.）Makino 1（3）: 276

木槿属 *Hibiscus*　野西瓜苗 *H. trionum* Linn. 1（3）: 288；木槿 *H. syriacus* Linn. 1（3）: 289

秋葵属 *Abelmoschus*　秋葵 *A. esculentus*（Linn.）Moench 1（3）：288；黄蜀葵 *A. manihot*（Linn.）Modic. 1（3）：287

锦葵属 *Malva*　锦葵 *M. sinensis* Cavan. 1（3）：283；野锦葵 *M. rotundifolia* Linn. 1（3）：284；冬葵 *M. verticillata* Linn. 1（3）：283

蜀葵属 *Althaea*　蜀葵 *A. rosea*（Linn.）Cavan. 1（3）：285

苘麻属 *Abutilon*　苘麻 *A. theophrasti* Medic. 1（3）：282

94. 瑞香科 Thymelaeaceae

多木本，树皮柔韧；单叶全缘；花萼花瓣状，合生，花瓣鳞片状或缺，雄蕊萼生，花药分离；浆果、核果或坚果（图 7-71）。

图 7-71
瑞香科 Thymelaeaceae
黄瑞香 *Daphne giraldii*
A.花枝
B.花纵剖面

结香属 *Edgeworthia*　结香 *E. chrysantha* Lindl. 1（3）：335

莞花属 *Wikstroemia*　河朔莞花 *W. chamaedaphne* Meissn. 1（3）：331；湖北莞花 *W. pampaninii* Rehd. 1（3）：332；小黄构 *W. micrantha* Hemsl. 1（3）：330；窄叶莞花 *W. stenophylla* Pritz. 1（3）：330

狼毒属 *Stellera*　断肠草 *S. chamaejasme* Linn. 1（3）：336

草瑞香属 *Diarthron*　草瑞香 *D. linifolium* Turcz. 1（3）：336

瑞香属 *Daphne*　莞花 *D. genkwa* Sieb. et Zucc. 1（3）：332；凹叶瑞香 *D. retusa* Hemsl. 1（3）：333；甘肃瑞香 *D. tangutica* Maxim. 1（3）：334；黄瑞香 *D. giraldii* Nitsche 1（3）：334；陕西瑞香 *D. myrtilloides* Nitsche Beitr. 1（3）：335

95. 十字花科 Brassicaceae

草本；总状花序，十字形花冠，四强雄蕊；角果（图 7-72）。

葶苈属 *Draba*　葶苈 *D. nemorosa* Linn. 1（2）：394

芸苔属 *Brassica*　芜菁 *B. rapa* Linn. 1（2）：396；芸苔 *B. campestris* Linn. 1（2）：397；油菜 *B. campestris* Linn. var. *oleifera* DC. 1（2）：397；大头菜 *B. napobrassica* Mill. 1（2）：397；擘蓝 *B. caulorapa* Pasq. 1（2）：397；包心菜 *B. oleracea* Linn. var. *capitata* Linn. 1（2）：398；菜花 *B. oleracea* Linn. var. *botrytis* Linn. 1（2）：398；芥 *B. juncea*（Linn.）Czern. et Coss. ex Czern. 1（2）：398；白菜 *B. pekinensis* Rupr. 1（2）：399；青菜 *B. chinensis* Linn. 1（2）：399

芝麻菜属 *Eruca*　芝麻菜 *E. sativa* Gars. 1（2）：399

诸葛菜属 *Orychophragmus*　诸葛菜 *O. violaceus*（Linn.）O. E. Schulz 1（2）：400

萝卜属 *Raphanus*　萝卜 *R. sativus* Linn. 1（2）：402

拟南芥属 *Arabidopsis*　拟南芥 *A. thaliana*（Linn.）Haynh. 1（2）：376

荠属 *Capsella*　荠 *C. bursa-pastoris*（Linn.）Medic. 1（2）：405

碎米荠属 *Cardamine*　裸茎碎米荠 *C. denudata* O. E. Schulz 1（2）：384；光头山碎米荠 *C. engleriana* O. E. Schulz 1（2）：385；大叶碎米荠 *C. macrophylla* Willd. 1（2）：386；白花碎米荠 *C. leucantha*（Tausch）O. E. Schulz 1（2）：387；碎米荠 *C. hirsuta* Linn. 1（2）：388

豆瓣菜属 *Nasturtium*　豆瓣菜 *N. officinale* R. Br. 1（2）：383

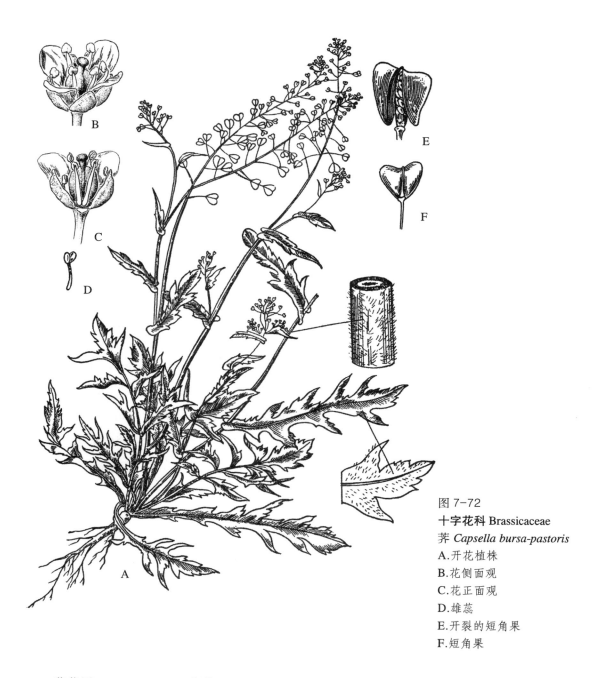

图 7-72
十字花科 Brassicaceae
荠 *Capsella bursa-pastoris*
A.开花植株
B.花侧面观
C.花正面观
D.雄蕊
E.开裂的短角果
F.短角果

葶苈菜属 *Rorippa Scop.*　葶苈菜 *R. montana*（Wall.）Small 1（2）：382

离子芥属 *Chorispora R. Br.*　离子芥 *C. tenella*（Pall.）DC. 1（2）：393

播娘蒿属 *Descurainia*　播娘蒿 *D. sophia*（Linn.）Schur 1（2）：377

糖芥属 *Erysimum*　桂竹糖芥 *E. cheiranthoides* Linn. 1（2）：380

　　串珠芥属 *Torularia*　串珠芥 *T. humilis*（C. A. Mey.）O. E. Schulz 1（2）：378

　　山嵛菜属 *Eutrema*　山嵛菜 *E. yunnanense* Franch. 1（2）：374

　　菘蓝属 *Isatis*　菘蓝 *I. tinctoria* Linn. 1（2）：390

　　独行菜属 *Lepidium*　楔叶独行菜 *L. cuneiforme* C. Y. Wu 1（2）：403；腺茎独行菜 *L. apetalum* Willd. 1（2）：403；宽叶独行菜 *L. latifolium* Linn. var. *affine* C. A. Mey. 1（2）：404

　　大蒜芥属 *Sisymbrium*　垂果大蒜芥 *S. heteromallum* C. A. Mey. 1（2）：375

　　菥蓂属 *Thlaspi*　菥蓂 *T. arvense* Linn. 1（2）：402

　　阴山荠属 *Yinshania*　短序阴山荠 *Y. qianningensis* Y. H. Zhang var. *brachybotrys* Y. H. Zhang 1（a）：138；文县阴山荠 *Y. wenxianensis* Y. H. Zhang 1（a）：139

　　超菊类分支：包括红珊藤目、檀香目、石竹目和菊类分支。

　　96. 蛇菰科 Balanophoraceae

　　寄生肉质草本，靠根茎上的吸盘寄生于寄主的根上；花茎圆柱状，出自根茎顶端，常为裂鞘所包，具鳞片状苞片；花序顶生，肉穗状或头状；坚果小。

　　鞘苞蛇菰 *Balanophora involucrata* Hook. f. 1（2）：132；宜昌蛇菰 *Balanophora henryi* Hemsl. 1（2）：133

　　97. 铁青树科 Olacaceae

　　叶全缘互生，羽脉；花小两性整齐；萼筒小，花后增大（铁青树属、赤苍藤属）；花盘环状；花柱单一；核果或坚果。

　　青皮木 *Schoepfia jasminodora* Sieb. et Zucc. 1（a）：103

　　98. 檀香科 Santalaceae

　　寄生或半寄生于其它植物的根上；单叶有时鳞片状，无托叶；花小整齐淡绿色，花被 1 轮，稍肉质，裂片内面常有簇毛，有花盘；核果（有肉质外果皮）或小坚果。

　　米面翁属 *Buckleya*　米面翁 *B. henryi* Diels 1（2）：120；秦岭米面翁 *B. graeberiana* Diels 1（2）：120

　　百蕊草属 *Thesium*　百蕊草 *T. chinense* Turcz. 1（2）：119

栗寄生属 *Korthalsella*   川陕栗寄生 *K. fasciculata* （Van Tiegh.）Lec. 1（2）：124；小栗寄生 *K. japonica* （Thunb.）Engl. 1（2）：125

槲寄生属 *Viscum*   槲寄生 *V. coloratum* （Komar.）Nakai 1（2）：124

99. 桑寄生科 Loranthaceae

半寄生灌木；叶多对生，通常厚而革质，全缘或退化呈鳞片状；花被片离生或不同程度的愈合成管；浆果。

湖北栎寄生 *Hyphear hemsleyanum* （King）Dans. 1（2）：122；毛叶桑寄生 *Taxillus yadoriki* （Sieb. ex Maxim.）Dans. 1（2）：123

100. 青皮木科 Schoepfiaceae

小乔木或灌木；叶互生；聚伞花序；花萼筒与子房贴生，结实时增大；花冠管状，雄蕊与花冠裂片同数且对生；花丝极短，花药小，2 室，纵裂；子房半下位；坚果，成熟时几乎全部被增大成壶状的花萼筒所包围。

青皮木 *Schoepfia jasminodora* Sieb. et Zucc. 1（a）：103

101. 柽柳科 Tamaricaceae

木本；叶小互生鳞片状，多具泌盐腺体；花两性整齐，4~5 数，离生。蒴果室背裂；种子多有束毛或翅。

柽柳 *Tamarix chinensis* Lour. 1（3）：308；水柏枝 *Myricaria bracteata* Royle 1（3）：309

102. 白花丹科 Plumbaginaceae

花两性，整齐，花的各部均为 5；花瓣或多或少联合；萼宿存而常有色彩；花冠在花后蜷缩于萼筒内；雄蕊下位，与花冠裂片对生；柱头与萼的裂片对生；子房上位，1 室；胚珠 1 枚，基生；蒴果包藏于萼筒内；种子有薄层粉质胚乳。

蓝雪花属（角柱花属）*Ceratostigma*   小角柱花 *C. minus* Stapf 1（4）：55；紫金莲 *C. willmottianum* Stapf 1（4）：56

补血草属 *Limonium*   二色补血草 *L. bicolor* （Bge.）O. Kuntze 1（4）：54

103. 蓼科 Polygonaceae

草本，节膨大；单叶互生，全缘，托叶通常膜质，鞘状包茎或叶状贯茎；花被具有 6 枚花被片，有时分化为 3 枚萼片和 3 枚花瓣；瘦果三棱形或凸镜形，包于宿存的花萼内（图 7-73）。

蓼属 *Polygonum* 萹蓄 *P. aviculare* Linn. 1（2）: 144；赤胫散 *P. runcinatum* Buch. -Ham. var. *sinense* Hemsl. 1（2）: 146；头状蓼 *P. alatum* Buch. -Ham. ex D. Don. 1（2）: 147；两栖蓼 *P. amphibium* Linn. 1（2）: 147；荭草 *P. orientale* Linn. 1（2）: 148；蓼蓝 *P. tinctorium* Ait. 1（2）: 149；桃叶蓼 *P. persicaria* Linn. 1（2）: 149；酸模叶蓼 *P. lapathifolium* Linn. 1（2）: 150；齿翅蓼 *P. dentato-alatum* F. Schmidt ex Maxim. 1（2）: 154；1（2）: 56；朱砂七 *P. ciliinerve*（Nakai）Ohwi 1（2）: 157；杠板

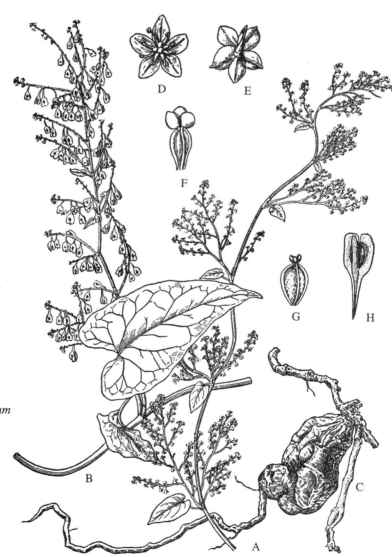

图 7-73
蓼科 Polygonaceae
何首乌 *Fallopia multiflorum*
A. 花枝
B. 果枝
C. 块根
D. 花顶面观
E. 花顶面观
F. 雌蕊
G. 瘦果
H. 具翅的瘦果

归 *P. perfoliatum* Linn. 1（2）: 159；箭叶蓼 *P. sagittifolium* Levl. et Vant. 1（2）: 160；珠芽蓼 *P. viviparum* Linn. 1（2）: 160；球穗蓼 *P. sphaerostachyum* Meisn. 1（2）: 162；太白蓼 *P. taipaishanense* Kung 1（2）: 163；红三七 *P. suffultum* Maxim. 1（2）: 163；中华抱茎蓼 *P. amplexicaule* D. Don. var. *sinense* Forb. et Hemsl. 1（2）: 164；火炭母 *P. chinense* Linn. 1（a）: 106

荞麦属 *Fagopyrum* 苦荞麦 *F. tataricum*（Linn.）Gaertn. 1（2）: 166；荞麦 *F. sagittatum* Gilib. 1（2）: 167

酸模属 *Rumex* 酸模 *R. acetosa* Linn. 1（2）: 136；羊蹄 *R. crispus* Linn. 1（2）: 137；齿果酸模 *R. dentatus* Linn. 1（2）: 138；尼泊尔酸模 *R. nepalensis* Spreng. 1（2）: 138

山蓼属 *Oxyria* 山蓼 *O. digyna*（Linn.）Hill 1（2）: 134

大黄属 *Rheum* 掌叶大黄 *R. palmatum* Linn. 1（2）: 139；大黄 *R. officinale* Baill. 1（2）: 139；鸡爪大黄 *R. tanguticum*（Maxim. ex Regel）Maxim. ex Balf. 1（a）: 104

翼蓼属 *Pteroxygonum* 翼蓼 *P. giraldii* Dammer et Diels 1（2）: 140

虎杖属 *Reynoutria* 虎杖 *R. cuspidatum* Sieb. et Zucc. 1（2）: 154

何首乌属 *Fallopia* 何首乌 *F. multiflorum* Thunb.

104. 石竹科 Caryophyllaceae

草本，节膨大；单叶对生；萼宿存，石竹形花冠；蒴果（图 7-74）。

拟漆姑属 *Spergularia* 拟漆姑草 *S. salina* J. et C. Presl 1（2）: 208

漆姑草属 *Sagina* 漆姑草 *S. japonica*（Sw.）Ohwi 1（2）: 206

剪秋罗属 *Lychnis* 剪秋罗 *L. senno* Sieb. et Zucc. 1（2）: 209

蝇子草属 *Silene* 麦瓶草 *S. conoidea* Linn. 1（2）: 212；鹤草（蝇子草）*S. fortunei* Vis. 1（2）: 213；湖北鹤草 *S. hupehensis* C. L. Tang 1（a）: 111；女娄菜 *S. apricum*（Turcz.）Rohrb. 1（2）: 211；匍茎鹤草 *S. repens* Patr. 1（2）: 214；紫萼女娄菜 *S. tatarinowii*（Regel）Y. W. Tsui 1（2）: 210；粗壮女娄菜 *S. firmum*（Sieb. et Zucc.）Rohrb. 1（2）: 211

狗筋蔓属 *Cucubalus* 狗筋蔓 *C. baccifer* Linn. 1（2）: 215

石头花属 *Gypsophila* 霞草（石头花）*G. oldhamiana* Miq. 1（2）: 216；

麦蓝菜属（王不留行属）*Vaccaria* 王不留行（麦蓝菜）*V. segetalis*

图 7-74
石竹科 Caryophyllaceae
石竹 *Dianthus chinensis*
A.花枝
B.近成熟的果实,示特立中央胎座
C.花基部纵切面
D.子房中部横切面
E.花瓣

（Neck.）　Garcke 1（2）：218

石竹属 *Dianthus*　石竹 *D. chinensis* Linn. 1（2）：216；瞿麦 *D. superbus* Linn.　1（2）：217

无心菜属（蚤缀属）*Arenaria*　甘肃蚤缀 *A. kansuensis* Maxim. 1（2）：193；蚤缀 *A. serpyllifolia* Linn. 1（2）：193；四齿蚤缀 *A. quadridentata*（Maxim.）Will. 1（2）：194；秦岭蚤缀 *A. giraldii*（Diels）Mattf. 1（2）：195；缫瓣蚤缀 *A. fimbriata*（Pritz.）Mattf. 1（2）：196

薄蒴草属 *Lepyrodiclis*　薄蒴草 *L. holosteoides*（C. A. Mey.）Fenzl ex Fisch.　et Mey. 1（2）：207

孩儿参属 *Pseudostellaria*　林生孩儿参 *P. sylvatica*（Maxim.）Pax ex Pax et Hoffm. 1（2）：197；孩儿参 *P. heterophylla*（Miq.）Pax ex Pax et Hoffm. 1（2）：197；蔓孩儿参 *P. davidii*（Franch.）Pax ex Pax et Hoffm.

1（2）：198；棒棒草 *P. maximowicziana*（Franch. et Savat.）Pax ex Pax et Hoffm. 1（2）：198

繁缕属 *Stellaria* 中国繁缕 *S. chinensis* Regel 1（2）：200；繁缕 *S. media*（Linn.）Cyrill. 1（2）：200；伞花繁缕 *S. umbellata* Turcz. 1（2）：201；石生繁缕 *S. saxatilis* Buch. -Ham. ex D. Don. 1（2）：202；天蓬草 *S. alsine* Grimm 1（2）：202；翻白繁缕 *S. discolor* Turcz. 1（2）：203；沼泽繁缕 *S. palustris* Ehrh. 1（2）：203；草状繁缕 *S. graminea* Linn. 1（2）：204

鹅肠菜属 *Malachium* 鹅肠菜 *M. aquaticum*（Linn.）Fries 1（2）：204；

卷耳属 *Cerastium* 簇生卷耳 *C. caespitosum* Gilib. 1（2）：205；缘毛卷耳 *C. furcatum* Cham. et Schlecht. 1（2）：206；卷耳 *C. arvense* Linn. 1（2）：206

105. 苋科 Amaranthaceae（包括藜科）

多草本；花小，单被，常干膜质，雄蕊对花被片；常为盖裂的胞果（图7-75）。

千针苋属 *Acroglochin* 千针苋 *A. persicarioides*（Poir.）Moq. 1（2）：170

甜菜属 *Beta* 甜菜 *B. vulgaris* Linn. 1（2）：171

虫实属 *Corispermum* 绳虫实 *C. declinatum* Steph. ex Stev. 1（2）：172；疣果虫实 *C. tylocarpum* Hance 1（2）：171；软毛虫实 *C. puberulum* Iljin 1（2）：172

轴藜属 *Axyris* 轴藜 *A. amaranthoides* Linn. 1（2）：178

菠菜属 *Spinacia* 菠菜 *S. oleracea* Linn. 1（2）：178

藜属 *Chenopodium* 灰绿藜 *C. glaucum* Linn. 1（2）：175；杖藜 *C. giganteum* D. Don 1（2）：175；刺藜 *C. aristatum* Linn. 1（2）：174；藜 *C. album* Linn. 1（2）：175；大叶藜 *C. hybridum* Linn. 1（2）：176；小藜 *C. serotinum* Linn. 1（2）：176

地肤属 *Kochia* 地肤 *K. scoparia*（Linn.）Schrad. 1（2）：177

猪毛菜属 *Salsola* 猪毛菜 *S. collina* Pall. 1（2）：169

青葙属 *Celosia* 青葙 *C. argentea* Linn. 1（2）：185；鸡冠 *C. cristata* Linn. 1（2）：185

图 7-75
苋科 Amaranthaceae
藜 *Chenopodium album*
A.花枝　B.花　C.雌蕊　D.雄蕊　E.圆锥花序分枝　F.胞果　G.种子

苋属 *Amaranthus*　反枝苋 *A. retroflexus* Linn. 1（2）：181；繁穗苋 *A. paniculatus* Linn. 1（2）：182；尾穗苋 *A. caudatus* Linn. 1（2）：182；苋 *A. tricolor* Linn. 1（2）：183；刺苋 *A. spinosus* Linn. 1（2）：181；绿苋 *A. viridis* Linn. 1（2）：183；野苋 *A. ascendens* Loisel. 1（2）：184

牛膝属 *Achyranthes*　川牛膝 *C. officinalis* Kuan 1（a）：109；牛膝 *A. bidentata* Bl. 1（2）：179

106. 商陆科 Phytolaccaceae

草本或灌木，单叶互生，全缘；花两性或单性，辐射对称；花被 4～5 裂；雌蕊心皮 1 至多数，分离或合生，子房上位，胚珠单生于每个心皮内；浆果（图 7-76）。

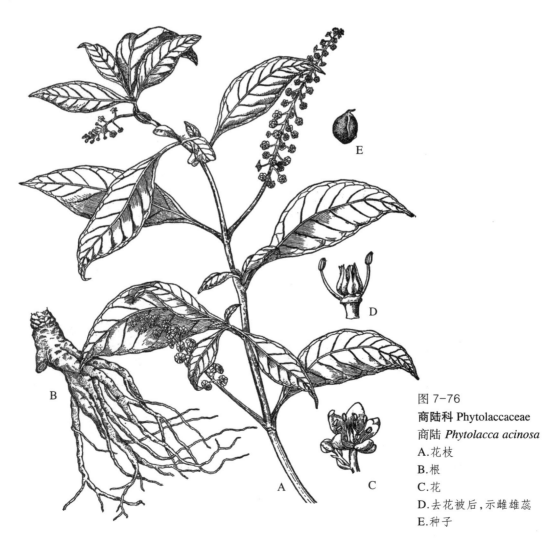

图 7-76
商陆科 Phytolaccaceae
商陆 *Phytolacca acinosa*
A. 花枝
B. 根
C. 花
D. 去花被后，示雌雄蕊
E. 种子

商陆 *Phytolacca acinosa* Roxb. 1（2）: 188

107. 紫茉莉科 Nyctaginaceae

单叶全缘；花两性整齐，常围以有颜色的总苞；花被单层，下部合生成管；瘦果有棱或翅，包在宿存花被内。

紫茉莉 *Mirabilis jalapa* Linn. 1（2）: 186

108. 土人参科 Talinaceae

茎直立，肉质；叶片扁平，全缘；花小，成顶生总状花序或圆锥花序；花瓣 5，红色；雄蕊 5 至多数；子房上位，1 室，特立中央胎座，胚珠多数，蒴果。

土人参 *Talinum paniculatum* （Jacq.）Gaertn. 1（2）: 191

109. 马齿苋科 Portulacaceae

肉质草本；叶全缘；萼片通常 2，花瓣常早萎，基生中央胎座；蒴果，盖裂或瓣裂。

马齿苋 *Portulaca oleracea* Linn. 1（2）: 190；半支莲 *Portulaca grandiflora* Hook. 1（2）: 191

菊类分支 asterids

多为合瓣花，蜜腺着生于雌蕊，单珠被胚珠，细胞型胚乳（无核），常具环烯醚萜类。包括山茱萸目、杜鹃花目及唇形类植物和桔梗类植物。

110. 山茱萸科 Cornaceae

多木本；单叶；花序有苞片或总片，萼管与子房合生，花瓣与雄蕊同生于花盘基部，子房下位；核果或浆果状核果（图 7-77）。

八角枫属 *Alangium*　瓜木 *A. platanifolium* （Sieb. et Zucc.）Harms 1（3）: 346；八角枫 *A. chinense* （Lour.）Harms 1（3）: 347

山茱萸属 *Macrocarpium*　山茱萸 *M. officinale* （Sieb. et Zucc.）Nakai 1（3）: 438

四照花属 *Dendrobenthamia*　四照花 *D. japonica* （A. P. DC.）Fang var. *chinensis* （Osborn）Fang 1（3）: 439

梾木属 *Cornus*　灯台树 *C. controversa* Hemsl. 1（3）: 434；红瑞木 *C. alba* Linn. 1（3）: 434；小梾木 *C. paucinervis* Hance 1（3）: 434；毛梾 *C. walteri* Wanger. 1（3）: 435；梾木 *C. macrophylla* Wall. 1（3）: 436

珙桐属 *Davidia*　珙桐 *D. involucrata* Baill.

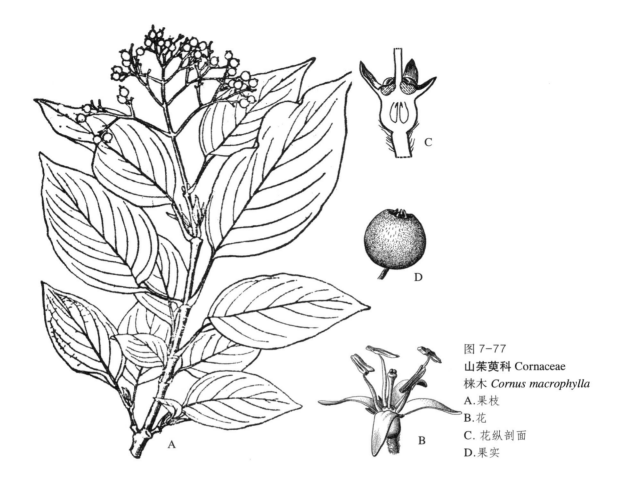

图 7-77

山茱萸科 Cornaceae

梾木 *Cornus macrophylla*

A.果枝

B.花

C.花纵剖面

D.果实

喜树属 *Camptotheca* 喜树 *C. acuminata* Decne.

111. 绣球科 Hydrangeaceae

灌木或乔木，有时攀缘状；叶对生或互生，无托叶；花小，两性或有些不发育，排成伞房花序式或圆锥花序式的聚伞花序，有时缘花不发育而有扩大的萼；萼 4～10 裂；花瓣 4～10；雄蕊 5 至多数；子房半下位或下位，由 2～5 个合生心皮组成；蒴果，顶部开裂（图 7-78）。

溲疏属 *Deutzia Thunb.* 大花溲疏 *D. grandiflora* Bge. 1（2）：458；粉背溲疏 *D. hypoglauca* Rehd. 1（2）：461；小花溲疏 *D. parviflora* Bge. 1（2）：462；长梗溲疏 *D. vilmorinae* Lem. et Bois 1（2）：459；碎花溲疏 *D. micrantha* Engl. 1（2）：462

图 7-78

绣球科 Hydrangeaceae

腊莲绣球 *Hydrangea strigosa*

A.花枝

B.花

C.去花瓣和雄蕊的花,示雌蕊

山梅花属 *Philadelphus*　太平花 *P. pekinensis* Rupr. 1（2）：457；白毛山梅花 *P. incanus* Koehne 1（2）：457；绢毛山梅花 *P. sericanthus* Koehne 1（a）：154

八仙花属（绣球属）*Hydrangea*　东陵八仙花 *H. bretschneideri* Dipp. 1（2）：452；腊莲八仙花 *H. strigosa* Rehd. 1（2）：454；黄脉八仙花 *H. xanthoneura* Diels 1（2）：452；锈毛八仙花 *H. fulvescens* Rehd. 1（2）：455；长柄八仙花 *H. longipes* Franch. 1（2）：455

常山属 *Dichroa*　常山 *D. febrifuga* Lour. 1（a）：153

赤壁木属 *Decumaria*　赤壁木 *D. sinensis* Oliv. 1（2）：456

钻地风属 *Schizophragma*　钻地风 *S. intergrifolium* Oliv. 1（a）：154

112. 凤仙花科 Balsaminaceae

肉质草本；花有颜色，最下的一枚萼片延伸成一管状的距；肉质蒴果，弹裂（图7-79）。

凤仙花 *Impatiens balsamina* Linn. 1（3）：244；窄萼凤仙花 *Impatiens stenosepala* Pritz. 1（3）：245；翼萼凤仙花 *Impatiens pterosepala* Hook. f. 1（3）：245；裂距凤仙花 *Impatiens fissicornis* Maxim. 1（3）：245；水金凤 *Impatiens noli-tangere* Linn. 1（3）：247；陇南凤仙花 *Impatiens potaninii* Maxim. 1（3）：247

113. 花葱科 Polemoniaceae

叶常互生或下方的对生；花两性整齐，5数，二歧聚伞或圆锥花序；萼钟状或管状，宿存；冠合瓣；雄蕊5，基部常扩大并被毛；花盘显著；上位子房，3皮3室；蒴果室背裂。

中华花葱 *Polemonium coeruleum* Linn. var. *chinense* Brand 1（4）：173

114. 柿科 Ebenaceae

木本；几乎所有组织中都含有黑色萘醌，有时含生氰化合物；单叶全缘，花常单性（雌雄异株）；萼片3～7，宿存且随着果实的发育面不同程度的增大；花瓣瓣3～7，合生，多少呈壶状；雄蕊6至多数；花丝贴生于花冠；心皮3～8，合生；子房上位，中轴胎座；浆果。

乌柿 *Diospyros armata* Hemsl. var. *sinensis*（Hemsl.）Z. Y. Zhang 1（4）：57；柿 *Diospyros kaki* Linn. 1（4）：58；君迁子 *Diospyros lotus* Linn. 1（4）：59

图 7-79
凤仙花科 Balsaminaceae
凤仙花 *Impatiens balsamina*
A.植株上部　B.花底面观　C.花顶面观　D.雄蕊和雌蕊　E.开裂的蒴果　F.种子

115. 报春花科 Primulaceae

草本、灌木、乔木或藤本，常有腺点和白粉；单叶全缘，具羽状脉；无托叶；花两性，雄蕊 4 或 5，与花冠裂片对生；心皮 3~5，合生；子房上位或偶半下位，特立中央胎座，中央胎座轴粗，多少星形状几乎填满子房室；蒴果（图 7-80）。

点地梅属 *Androsace* 细蔓点地梅 *A. cuscutiformis* Franch. 1（4）: 42；点地梅 *A. umbellata*（Lour.）Merr. 1（4）: 42；陕西点地梅 *A. engleri* R. Knuth 1（4）: 41；莲叶点地梅 *A. henryi* Oliv. 1（4）: 43

报春花属 *Primula* 胭脂花 *P. maximowiczii* Regel 1（4）: 32；山西报春 *P. handeliana* W. W. Sm. et Forrest 1（4）: 33；齿萼报春 *P. odontocalyx*（Franch.）Pax 1（4）: 37；阔萼粉报春 *P. knuthiana* Pax 1（4）: 35；藏报春 *P. sinensis* Sab. ex Lindl. 1（4）: 31；鄂报春 *P. obconica* Hance 1（4）: 32；太白山报春 *P. giraldiana* Pax 1（4）: 32；紫罗兰报春 *P. purdomii* Craib. 1（4）: 34；窄萼报春 *P. stenocalyx* Maxim. 1（4）: 34；灯台报春 *P. conspersa* Balf. f. et Purdom. 1（4）: 36；宝兴报春 *P. moupinensis* Franch. 1（4）: 37；齿萼报春 *P. odontocalyx*（Franch.）Pax 1（4）: 37；报春花 *P. malacoides* Franch. 1（4）: 38

假报春属 *Cortusa* 假报春 *C. pekinensis*（Al. Richt.）A. Los. 1（4）: 29

珍珠菜属 *Lysimachia* 聚花过路黄 *L. congestiflora* Hemsl. 1（4）: 46；点腺过路黄 *L. hemsleyana* Maxim. 1（4）: 47；过路黄 *L. christinae* Hance 1（4）: 48；狭叶珍珠菜 *L. pentapetala* Bge. 1（4）: 49；珍珠菜 *L. clethroides* Duby 1（4）: 50；狼尾花 *L. barystachys* Bge. 1（4）: 51；腺药珍珠菜 *L. stenosepala* Hemsl. 1（4）: 52

铁仔属 *Myrsine* 铁仔 *M. africana* Linn. 1（4）: 28；刺叶铁仔 *M. semiserrata* Wall. 1（4）: 28

紫金牛属 *Ardisia* 百两金 *A. crispa*（Thunb.）A. DC. 1（4）: 27；朱砂根 *A. crenata* Sims 1（a）: 265；紫金牛 *A. japonica*（Thunb.）Blume 1（a）: 266

116. 山茶科 Theaceae

常绿木本；单叶互生；花单生或簇生，有苞片，雄蕊多数，成数轮，花丝基部合生而成数束雄蕊，着生于花瓣上；蒴果或核果。

图 7-80
报春花科 Primulaceae
胭脂花 *Primula maximowiczii*
A.开花植株 **B.**花纵剖面 **C.**子房纵剖面,示特立中央胎座 **D.**子房横切面

紫茎属 *Stewartia* 陕西紫茎 *S. sinensis* Rehd. et Wils. var. *shensiensis*（H. T. Chang）Ming et J. Li 1（a）: 227

山茶属 *Camellia* 茶 *C. sinensis*（Linn.）Kuntze 1（3）: 300；山茶 *C. japonica* Linn. 1（3）: 301；油茶 *C. oleifera* Abel. 1（3）: 301

117. 山矾科 Symplocaceae

木本；单叶互生；合瓣花，冠生雄蕊，多于 15 枚，子房下位；核果歪斜，顶端冠以宿存的花萼裂片。

白檀 *Symplocos paniculata*（Thunb.）Miq. 1（4）: 61

118. 猕猴桃科 Actinidiaceae

植物体毛被发达；单叶互生，无托叶；花序腋生，花药背部着生；浆果或蒴果（图 7-81）。

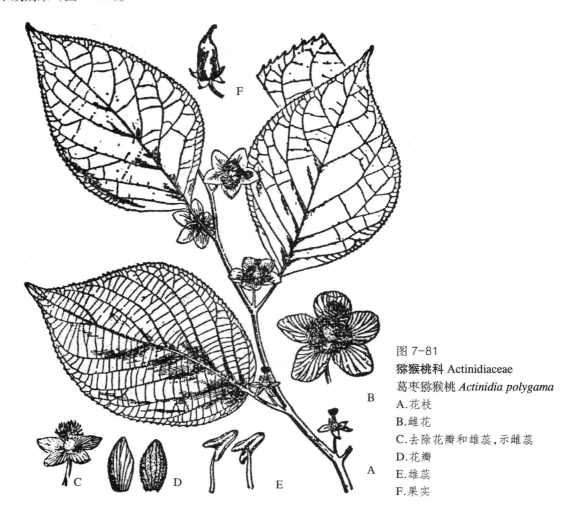

图 7-81
猕猴桃科 Actinidiaceae
葛枣猕猴桃 *Actinidia polygama*
A. 花枝
B. 雌花
C. 去除花瓣和雄蕊,示雌蕊
D. 花瓣
E. 雄蕊
F. 果实

藤山柳属 *Clematoclethra*　狝猴桃藤山柳 *C. actinidioides* Maxim. 1（3）：297；. 藤山柳 *C. lasioclada* Maxim. 1（3）：298；繁花藤山柳 *C. hemsleyi* Baill. 1（3）：299

狝猴桃属 *Actinidia*　狝猴桃 *A. chinensis* Planch. 1（3）：293；软枣狝猴桃 *A. arguta*（Sieb. et Zucc.）Planch. ex Miq. 1（3）：294；黑蕊狝猴桃 *A. melanandra* Franch. 1（3）：294；四蕊狝猴桃 *A. tetramera* Maxim. 1（3）：295；葛枣狝猴桃 *A. polygama*（Sieb. et Zucc.）Maxim. 1（3）：295；狗枣狝猴桃 *A. kolomikta*（Maxim. et Rupr.）Maxim. 1（3）：296

119. 杜鹃花科 Ericaceae

木本；有具芽鳞的冬芽；单叶互生；花萼宿存，瓣花 4～5 合生，常圆筒形至壶形；雄蕊 8～10，生于下位花盘的基部，花药孔裂；多蒴果（图 7-82）。

图 7-82
杜鹃花科 Ericaceae
杜鹃花 *Rhododendron simsii*
A. 花枝
B. 萼片
C. 雄蕊
D. 雌蕊
E. 蒴果

　　吊钟花属 *Enkianthus Lour.*　灯笼树 *E. chinensis* Franch. 1（4）：23

　　鹿蹄草属 *Pyrola*（Tourn.）Linn.　鹿蹄草 *P. rotundifolia* Linn. ssp. chinensis H. Andres 1（4）：2；皱叶鹿蹄草 *P. rugosa* H. Andres 1（4）：3；深紫鹿蹄草 *P. atropurpurea* Franch. 1（4）：3

　　喜冬草属 *Chimaphila*　喜冬草 *C. japonica* Miq. 1（4）：4

　　水晶兰属 *Monotropa*　水晶兰 *M. uniflora* Linn. 1（4）：5

　　松下兰属 *Hypopitys*　松下兰 *H. monotropa* Grantz 1（4）：6

　　杜鹃花属 *Rhododendron*　头花杜鹃 *R. capitatum* Maxim. 1（4）：9；照山白 *R. micranthum* Turcz. 1（4）：10；秦岭杜鹃 *R. tsinlingense* W. P. Fang 1（4）：10；粉红杜鹃 *R. fargesii* Franch. 1（4）：17；太白杜鹃 *R. purdomii* Rehd. et Wils. 1（4）：20；金背杜鹃 *R. clementinae* Forrest ex W. W. Sm. ssp. aureodorsale W. P. Fang 1（4）：20；秀雅杜鹃 *R. concinnum* Hemsl. 1（4）：12；杜鹃花 *R. simsii* Planch. 1（4）：22

　　马醉木属 *Pieris*　美丽马醉木 *P. formosa*（Wall.）D. Don 1（a）：262

　　越橘（乌饭树）属 *Vaccinium*　无梗越橘 *V. henryi* Hemsl. 1（4）：26

　　唇形类植物：花冠发育后期合生。包括茶茱萸目、水螅花目、丝樱花目、茄目、黄漆姑目、龙胆目、唇形目和紫草目 8 个目。

120. 杜仲科 Eucommiaceae

　　落叶乔木；单叶互生有锯齿，无托叶；雌雄异株，无花被，先叶开放，雄花簇生，花丝极短，花药长；雌花单生，有苞片，子房扁平，2 心皮，顶端有 2 叉状花柱，后成顶端 2 裂的翅果。

　　杜仲 *Eucommia ulmoides* Oliv. 1（2）：470

121. 茜草科 Rubiaceae

　　乔木、灌木、藤本或草本；单叶对生或轮生，常全缘，托叶位于叶柄间或叶柄内；花常两性，辐射对称，花柱异形。花瓣 4 或 5，合生呈辐射状或漏斗状花冠，雄蕊 4 或 5 数；花丝贴生于花冠；心皮 2，合生，子房下位（图 7−83）。

　　蛇根草属 *Ophiorrhiza*　日本蛇根草 *O. japonica* Bl. 1（5）：6

　　鸡矢藤属 *Paederia*　鸡矢藤 *P. scandens*（Lour.）Merr. 1（5）：12

　　野丁香属 *Leptodermis*　薄皮木 *L. oblonga* Bge. 1（5）：11；西南野丁香 *L. purdomii* Hutch. 1（5）：9；铺散野丁香 *L. diffusa* Batal. 1（5）：10

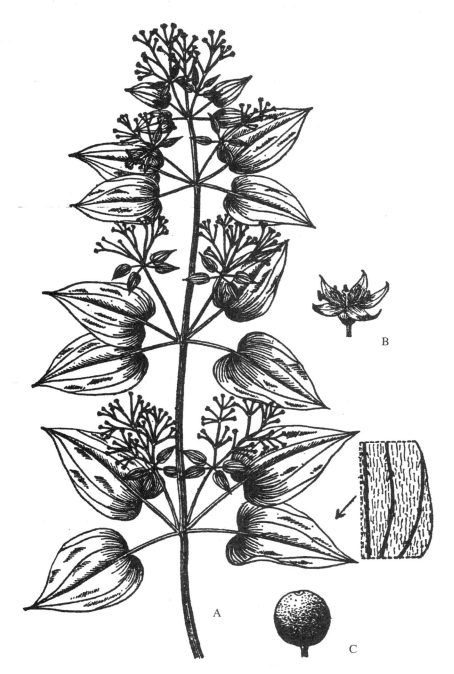

图 7-83
茜草科 Rubiaceae
卵叶茜草 *Rubia ovatifolia*
A.花枝　B.花　C.果实

六月雪属 *Serissa* 白马骨 *S. serissoides*（DC.）Druce 1（5）：12

茜草属 *Rubia* 茜草 *R. cordifolia* Linn. 1（5）：15；卵叶茜草 *R. ovatifolia* Z. Y. Zhang 1（5）：15；披针叶茜草 *R. lanceolata* Hayata 1（5）：17；膜叶茜草 *R. membranacea* Diels 1（5）：16

拉拉藤属 *Galium* 蓬子菜 *G. verum* Linn. 1（5）：18；四叶葎 *G. bungei* steud. 1（5）：19；六叶葎 *G. asperuloides* Edgew. var. *hoffmeisteri*（Klotz.）Hand. -Mzt. 1（5）：23；猪殃殃 *G. aparin*a Linn. var. *tenerum*（Gren. et Godr.）Rchb. 1（5）：23；显脉拉拉藤 *G. kinuta* Nakai et Hara 1（5）：20；北方拉拉藤 *G. boreale* Linn. 1（5）：21；硬毛拉拉藤 *G. boreale* Linn. var. *ciliatum* Nakai 1（5）：21；林地拉拉藤 *G. paradoxum* Maxim. 1（5）：21

水团花属 *Adina* 细叶水团花 *A. rubella* Hance 1（5）：3

钩藤属 *Uncaria* 华钩藤 *U. sinensis*（Oliv.）Havil. 1（5）：3

香果树属 *Emmenopterys* 香果树 *E. henryi* Oliv. 1（5）：4

栀子属 *Gardenia* 栀子 *G. jasminoides* Ellis 1（5）：8

122. 龙胆科 Gentianaceae

常草本；单叶对生；两性花，花瓣4或5，花冠裂片右向旋转排列，冠生雄蕊与花冠裂片同数而互生；蒴果二瓣开裂（图7-84）。

龙胆属 *Gentiana* 红花龙胆 *G. rhodantha* Franch. 1（4）：109；太白龙胆 *G. hexaphylla* Maxim. var. *pentaphylla* H. Smith 1（4）：110；秦岭龙胆 *G. apiata* N. E. Br. 1（4）：111；大花龙胆 *G. szechenyii* Kanitz 1（4）：111；龙胆 *G. acabra* Bge. 1（4）：112；秦艽 *G. macrophylla* Pall. 1（4）：112；假水生龙胆 *G. pseudo-aquatica* Kusnez. 1（4）：117；鳞叶龙胆 *G. squarrosa* Ledeb. 1（4）：118；西龙胆 *G. piasezkii* Maxim. 1（4）：113；深红龙胆 *G. rubicunda* Franch. 1（4）：114；肾叶龙胆 *G. crassuloides* Franch. 1（4）：119；丛茎龙胆 *G. licentii* H. Smith 1（4）：117；达乌里秦艽 *G. dahurica* Fisch. 1（a）：276

双蝴蝶属 *Tripterospermum* 双蝴蝶 *T. affine*（Wall. et C. B. Clarke）H. Smith 1（4）：108

獐牙菜属 *Swertia* 当药 *S. diluta*（Turez.）Benth. et Hook. f. 1（4）：123；獐牙菜 *S. bimaculata*（Sieb.et Zucc.）Hook. f. et Thoms. 1（4）：125；

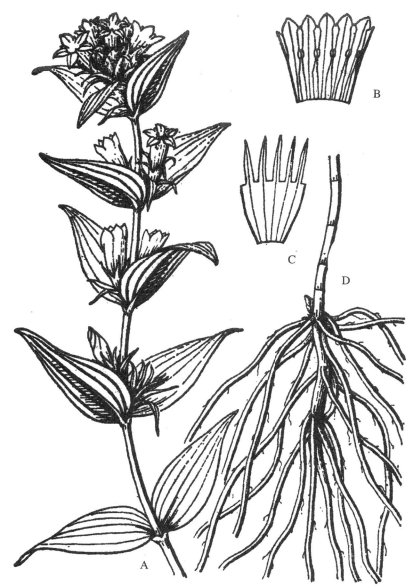

图 7-84
龙胆科 Gentianaceae
龙胆 *Gentiana acabra*
A.花枝
B.花冠及贴生的雄蕊
C.花萼纵剖

歧伞当药 *S. dichotoma* Linn. 1（4）：125；斑点歧伞当药 *S. dichotoma* Linn. var. *punctatum* T. N. He et J. X. Yang 1（4）：126；二叶獐牙菜 *S. bifolia* Batal. 1（4）：126

扁蕾属 *Gentianopsis* 中国扁蕾 *G. barbata*（Froel.）Ma var. *sinensis* Ma 1（4）：120；湿生扁蕾 *G. paludosa*（Munro）Ma 1（4）：120

肋柱花属 *Lomatogonium* 美丽肋柱花 *L. bellum*（Hemsl.）H. Smith

1（4）：121

花锚属 *Halenia* 椭圆叶花锚 *H*. *elliptica* D. Don 1（4）：127

123. 马钱科 Loganiaceae

乔木、灌木或藤本、草本；单叶对生或轮生；花两性整齐，5 数，花序 2 至多歧再排列；花下常有 2 小苞片；冠生雄蕊；蒴果、浆果。

蓬莱葛属 *Gardneria* 蓬莱葛 *G*. *multiflora* Makino 1（4）：97

124. 夹竹桃科 Apocynaceae（包括萝藦科）

草本或木本，具汁液；单叶对生或轮生；花冠喉部常有副花冠，冠生雄蕊，花药矩圆形或箭头形；多葖蓇果；种子常一端被毛（图 7—85）。

罗布麻属 *Apocynum* 罗布麻 *A*. *venetum* Linn. 1（4）：131

络石属 *Trachelospermum* 络石 *T*. jasminoides（Lindl.）Lem. 1（4）：133；细梗络石 *T*. *gracilipes* Hook. f. 1（4）：132

杠柳属 *Periploca* 杠柳 *P*. *sepium* Bge. 1（4）：135；黑龙骨 *P*. *forrestii* Schltr. 1（4）：136；青蛇藤 *P*. *calophylla*（Wight）Falc. 1（4）：136

鹅绒藤属 *Cynanchum* 鹅绒藤 *C*. *chinense* R. Br. 1（4）：138；牛皮消 *C*. *auriculatum* Royle ex Wight 1（4）：139；朱砂藤 *C*. *officinale*（Hemsl.）Tsiang et Zhang 1（4）：140；白首乌 *C*. *bungei* Decne. 1（4）：141；大理白前 *C*. *forrestii* Schltr. 1（4）：143；白薇 *C*. *atratum* Bge. 1（4）：144；徐长卿 *C*. *paniculatum*（Bge.）Kitag. 1（4）：145；白前 *C*. *glaucescens*（Decne.）Hand. -Mzt. 1（4）：146；地梢瓜 *C*. *thesioides*（Freyn）K. Schum. 1（4）：147；竹灵消 *C*. *inamoenum*（Maxim.）Loes. 1（4）：143；隔山消 *C*. *wilfordii*（Maxim.）Hemsl. 1（4）：148

萝藦属 *Metaplexis* 萝藦 *M*. *japonica*（Thunb.）Makino 1（4）：152；华萝藦 *M*. *hemsleyana* Oliv. 1（4）：153

秦岭藤属 *Biondia* 秦岭藤 *B*. *chinensis* Schltr. 1（4）：150；宽叶秦岭藤 *B*. *hemsleyana*（Warb.）Tsiang 1（4）：151

南山藤属 *Dregea* 苦绳 *D*. *sinensis* Hemsl. 1（4）：156；丽子藤 *D*. *yunnanensis*（Tsiang）Tsiang et P. T. Li 1（4）：155

125. 紫草科 Boraginaceae

植株被有硬毛；单叶互生，多粗糙；花两性多整齐，单歧或蝎尾状聚伞花序；萼 5 冠 5，喉部常有附属物；核果含 1~4 粒种子或子房 4 裂形成

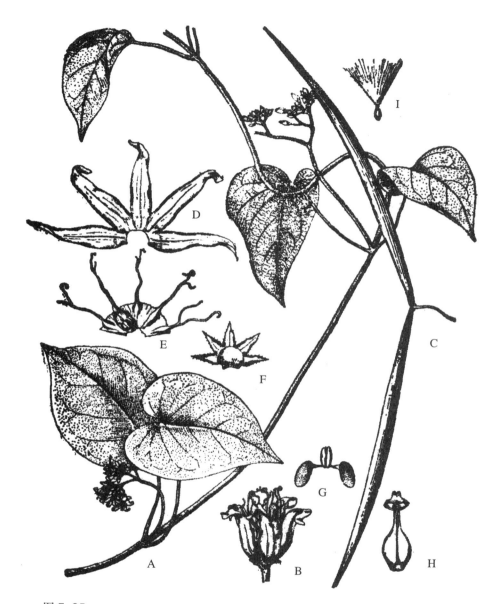

图 7-85

夹竹桃科 Apocynaceae

鹅绒藤 *Cynanchum chinense*

A.花枝 B.花 C.一对菁葖果 D.花冠展开 E.副花冠展开,示合蕊柱
F.花萼展开 G.花粉器 H.雌蕊 I.种子

4 个小坚果，果皮常具附属物（温带种类大部为草本或亚灌木）（图 7-86）。

狼紫草属 *Lycopsis*　狼紫草 *L. orientalis* Linn. 1（4）：180

滇紫草属 *Onosma*　小叶滇紫草 *O. sinicum* Diels 1（4）：179

紫草属 *Lithospermum*　紫草 *L. erythrorhizon* Sieb. et Zucc. 1（4）：177；梓木草 *L. zollingeri* DC. 1（4）：178；麦家公 *L. arvense* Linn. 1（4）：179

紫筒草属 *Stenosolenium*　紫筒草 *S. saxitile*（Pall.）Turcz. 1（4）：176

鹤虱属 *Lappula*　中间鹤虱 *L. intermedia*（Ledeb.）M. Pop. 1（4）：188；东北鹤虱 *L. heteracantha*（Ledeb.）Giirke 1（4）：189

附地菜属 *Trigonotis*　细弱附地菜 *T. mollis* Hemsl. 1（4）：181；附地菜 *T. peduncularis*（Trev.）Benth. ex S. Moore et Baker 1（4）：182；钝萼附地菜 *T. amblyosepala* Nakai et Kitag. 1（4）：183；秦岭附地菜 *T. giraldii* Brand 1（4）：182

车前紫草属 *Sinojohnstonia*　短蕊车前紫草 *S. moupinensis*（Franch.）W. T. Wang 1（4）：185；浙赣车前紫草 *S. chekiangensis*（Migo）W. T. Wang 1（4）：185；车前紫草 *S. plantaginea* Hu 1（a）：282

勿忘草属 *Myosotis* Linn.　勿忘草 *M. silvatica* Ehrh. ex Hoffm. 1（4）：183；湿地勿忘草 *M. caespitosa* Schultz 1（4）：184

斑种草属 *Bothriospermum*　斑种草 *B. chinense* Bge. 1（4）：190；柔弱斑种草 *B. tenellum*（Hornem.）Fisch. et Mey. 1（4）：190；多苞斑种草 *B. secundum* Maxim. 1（4）：191；狭苞斑种草 *B. kusnezowii* Bge. 1（4）：192

琉璃草属 *Cynoglossum*　倒提壶 *C. amabile* Stapf et Drumm. 1（4）：192；小花琉璃草 *C. lanceolatum* Forsk. 1（4）：193；琉璃草 *C. zeylanicum*（Vahl）Thunb. ex Lehm. 1（4）：193

盾果草属 *Thyrocarpus*　盾果草 *T. sampsonii* Hance 1（4）：195；弯齿盾果草 *T. glochidiatus* Maxim. 1（4）：196

微孔草属 *Microula*　长叶微孔草 *M. trichocarpa*（Maxim.）Johnst. 1（4）：186；长果微孔草 *M. turbinata* W. T. Wang. 1（4）：187

126. 旋花科 Convolvulaceae

藤本，常有乳汁；叶互生，叶基心形或戟形；花两性，多单生叶腋，苞

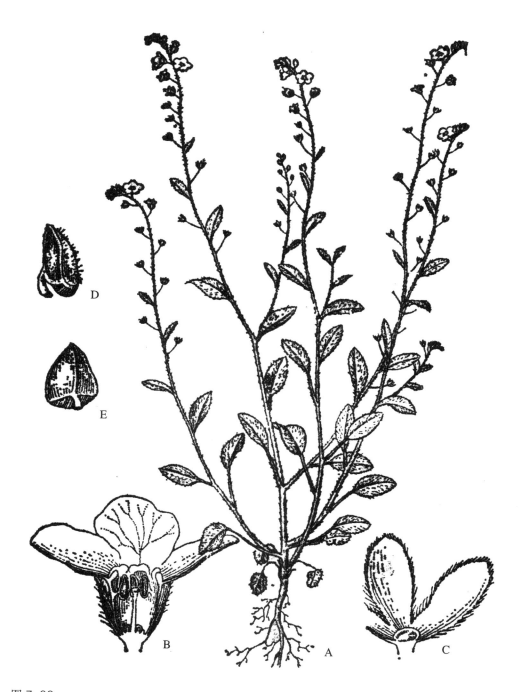

图 7-86

紫草科 Boraginaceae

钝萼附地菜 *Trigonotis amblyosepala*

A.开花植株　B.花展开　C.花萼　D.小坚果侧面　E.小坚果腹面

片成对，萼片常宿存，合瓣花，开花前旋转状，有花盘；蒴果或浆果（图7-87）。

飞蛾藤属 *Porana*　飞蛾藤 *P. racemosa* Roxb. 1（4）：172

菟丝子属 *Cuscuta*　菟丝子 *C. chinensis* Lam. 1（4）：160；金灯藤 *C.*

图 7-87

旋花科 Convolvulaceae

篱打碗花 *Calystegia sepium*

A.开花植株　B.花展开　C.雄蕊　D.花冠展开　E.子房基部及花盘蜜腺

F.果实　G.花萼　H.种子

japonica Choisy 1（4）：161

旋花属 *Convolvulus* 刺旋花 *C. tragacanthoides* Turcz. 1（4）：165；旋花 *C. arvensis* Linn. 1（4）：165

打碗花属 *Calystegia* 篱打碗花 *C. sepium*（Linn.）R. Br. 1（4）：163；打碗花 *C. hederacea* Wall. 1（4）：164；藤长苗 *C. pellita*（Ldb.）G. Don 1（4）：162

鱼黄草属 *Merremia* 心叶鱼黄草 *M. sibirica*（Linn.）Hall. f. 1（4）：166

番薯属 *Ipomoea* 蕹菜 *I. aquatica* Forsk. 1（4）：167；甘薯 *I. batatas*（Linn.）Lam. 1（4）：167

月光花属 *Calonyction* 月光花 *C. aculeatum*（Linn.）House 1（4）：169

茑萝属 *Quamoclit* 圆叶茑萝 *Q. coccinea*（Linn.）Moench 1（4）：170；茑萝 *Q. pennata*（Desr.）Bojer 1（4）：170

牵牛属 *Pharbitis* 牵牛 *P. nil*（Linn.）Choisy 1（4）：168

127. 茄科 Solanaceae

多草本，单叶互生；花萼宿存，果时常增大，雄蕊冠生，与花冠裂片同数而互生，花药常孔裂，心皮 2，合生；浆果或蒴果（图 7-88）。

碧冬茄属 （矮牵牛属）*Petunia* 碧冬茄 *P. hybrida* Vilm

烟草属 *Nicotiana* 烟草 *N. tabacum* Linn. 1（4）：309

枸杞属 *Lycium* 宁夏枸杞 *L. barbarum* Linn. 1（4）：293；枸杞 *L. chinense* Mill. 1（4）：293

天仙子属 *Hyoscyamus* 天仙子 *H. niger* Linn. 1（4）：295

泡囊草属 *Physochlaina* 漏斗泡囊草 *P. infundibularis* Kuang 1（4）：295

曼陀罗属 *Datura* 曼陀罗 *D. stramonium* Linn. 1（4）：308；洋金花 *D. metel* Linn. 1（4）：308

茄属 *Solanum* 龙葵 *S. nigrum* Linn. 1（4）：301；白英 *S. lyratum* Thunb. 1（4）：304；青杞 *S. septemlobum* Bge. 1（4）：304；茄 *S. melongena* Linn. 1（4）：306

番茄属 *Lycopersicon* 番茄 *L. esculentum* Mill. 1（4）：307

辣椒属 *Capsicum* 辣椒 *C. annuum* Linn. 1（4）：300

睡茄属 *Withania* 睡茄 *W. kansuensis* Kuang et A. M. Lu 1（4）：299

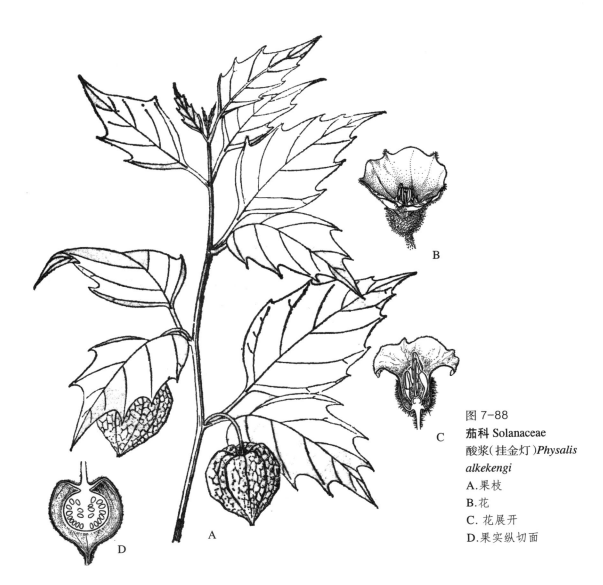

图 7-88
茄科 Solanaceae
酸浆（挂金灯）*Physalis alkekengi*
A.果枝
B.花
C. 花展开
D.果实纵切面

　　散血丹属 *Physaliastrum*　　江南散血丹 *P. heterophyllum*（Hemsl.）Migo 1（4）：297；日本散血丹 *P. japonicum*（Franch. et Sav.）Honda 1（4）：297

　　酸浆属 *Physalis*　　酸浆（挂金灯）*P. alkekengi* Linn. var. *franchetii*（Mast.）Makino 1（4）：298；苦蘵 *P. angulata* Linn. 1（4）：299

128. 木犀科 Oleaceae

木本；叶常对生；花两性，有时单性（雌雄同株或异株），辐射对称，

图 7-89

木犀科 Oleaceae

木犀(桂花)*Osmanthus fragrans*

A.花枝 B. 果枝 C. 花瓣展开,示 2 枚雄蕊 D.去除花瓣和雄蕊,示雌蕊

花被常 4, 雄蕊 2, 子房上位, 2 室, 每室常 2 胚珠 (图 7-89)。

　　雪柳属 *Fontanesia* 雪柳 *F. fortunei* Carr. 1 (4): 66

　　连翘属 *Forsythia* 金钟花 *F. viridissima* Lindl. 1 (4): 75; 连翘 *F. suspensa* (Thunb.) Vahl 1 (4): 75

　　素馨属 *Jasminum* 探春花 *J. floridum* Bge. (4): 93; 黄素馨 *J. giraldii* Diels 1 (4): 93; 迎春花 *J. nudiflorum* Lindl. 1 (4): 94

丁香属 *Syringa* 辽东丁香 *S. wolfii* Schneid. 1（4）: 77；紫丁香 *S. julianae* Schneid. 1（4）: 79；羽叶丁香 *S. pinnatifolia* Hemsl. 1（4）: 82；暴马丁香 *S. amurensis* Rupr. 1（4）: 83；北京丁香 *S. pekinensis* Rupr. 1（4）: 84；毛叶丁香 *S. pubescens* Turcz. 1（4）: 79；洋丁香 *S. vulgaris* Linn. 1（4）: 81；花叶丁香 *S. persica* Linn. 1（4）: 82

女贞属 *Ligustrum* 女贞 *L. lucidum* Ait. 1（4）: 88；小蜡 *L. sinense* Lour. 1（4）: 89；小叶女贞 *L. quihoui* Carr. 1（4）: 89；蜡子树 *L. acutissimum* Koehne 1（4）: 90

白蜡树属（梣属）*Fraxinus* 秦岭白蜡树 *F. paxiana* Lingelsh. 1（4）: 67；宿柱白蜡树 *F. stylosa* Lingelsh. 1（4）: 69；白蜡树 *F. chinensis* Roxb. 1（4）: 70；水曲柳 *F. mandschurica* Rupr. 1（4）: 73；大叶白蜡树 *F. rhynchophylla* Hance 1（4）: 70；披针叶白蜡树 *F. baroniana* Diels 1（4）: 71；毛白蜡树 *F. pennsylvanica* Marsh. 1（4）: 72；钝翅象蜡树 *F. inopinata* Lingelsh. 1（4）: 72

流苏树属 *Chionanthus* 流苏树 *C. retusa* Lindl. et Paxt. 1（4）: 86；

木犀属 *Osmanthus* 木犀 *O. fragrans* Lour. 1（4）: 85

129. 苦苣苔科 Gesneriaceae

单叶常对生；花冠常唇形，冠生雄蕊，花药常成对连着，一室子房，侧膜胎座，倒生胚珠；蒴果（图7-90）。

珊瑚苣苔属 *Corallodiscus* 珊瑚苣苔 *C. cordatulus*（Craib）Burtt 1（4）: 379；绢毛石花 *C. sericeus*（Craib）Burtt 1（4）: 380；石花 *C. flabellatus*（Craib）Burtt 1（4）: 380

旋蒴苣苔属 *Boea* 旋蒴苣苔 *B. clarkeana* Hemsl. 1（4）: 383；猫耳朵 *B. hygrometrica*（Bge.）R. Br. 1（4）: 383

马铃苣苔属 *Oreocharis* 川滇马铃苣苔 *O. henryana* Oliv. 1（4）: 376；直瓣苣苔 *O. saxatilis*（Hemsl.）Craib 1（4）: 377；金盏苣苔 *O. farreri* Craib 1（4）: 378；毛蕊金盏苣苔 *O. giraldii*（Diels）Burtt 1（4）: 379

粗筒苣苔属 *Briggsia* 藓丛粗筒苣苔 *B. muscicola*（Diels）Craib 1（4）: 377

半蒴苣苔属 *Hemiboea* 半蒴苣苔 *H. henryi* C. B. Clarke 1（4）: 381；降龙草 *H. subcapitata* C. B. Clarke 1（4）: 381

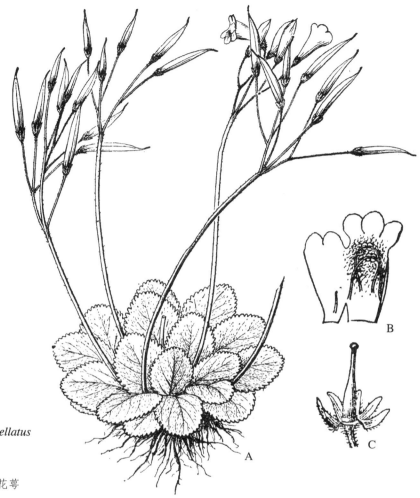

图 7-90

苦苣苔科 Gesneriaceae

石花 Corallodiscus flabellatus

A.具花和果的植株

B.花展开

C.去除花冠,示雌蕊和花萼

吊石苣苔属 *Lysionotus*　吊石苣苔 *L. pauciflorus* Maxim. 1（4）: 375

石蝴蝶属 *Petrocosmea*　中华石蝴蝶 *P. sinensis* Oliv. 1（4）: 382

130. 车前科 Plantaginaceae（并入原玄参科部分属）

　　草本；叶互生螺旋状，或对生，单叶。花常两性，左右对称，但在车前属为辐射对称；萼片 4 或 5，合生，花瓣 5，偶 4，花冠二唇形；雄蕊常 4 枚，二强雄蕊；花丝贴生于花冠；心皮 2，合生；子房上位，中轴胎座；蒴果（图 7-91）。

　　柳穿鱼属 *Linaria*　柳穿鱼 *L. vulgaris* Mill. ssp. sinensis（Bebeaux）Hong 1（4）: 328

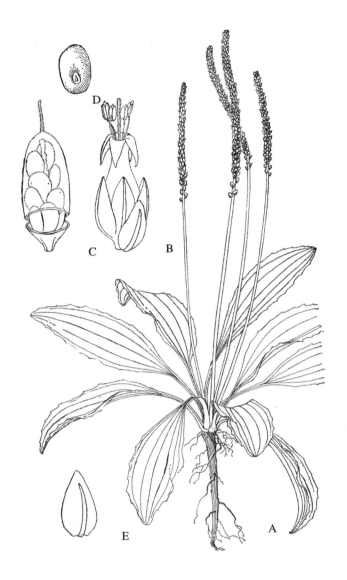

图 7-91
车前科 Plantaginaceae
平车前 *Plantago depressa*
A.植株
B.花
C.果实
D.种子
E.小苞片

鞭打绣球属 *Hemiphragma*　鞭打绣球 *H. heterophyllum* Wall. 1（4）: 329

腹水草属 *Veronicastrum*　草本威灵仙 *V. sibiricum*（Linn.）Pennell 1（4）: 339 细穗腹水草 *V. stenostachyum*（Hemsl.）Yamazaki 1（4）: 340

婆婆纳属 *Veronica*　小婆婆纳 *V. serpyllifolia* Linn. 1（4）: 332；婆婆纳 *V. didyma* Tenore 1（4）: 332；疏花婆婆纳 *V. laxa* Benth. 1（4）: 335；四川婆婆纳 *V. szechuanica* Batal. 1（4）: 335；水蔓青 *V. linariifolia* Pall. ssp. dilatata（Nakai et Kitag.）Hong 1（4）: 331；唐古拉婆婆纳 *V. vandellioides* Maxim. 1（4）: 336；秦岭婆婆纳 *V. tsinglingensis* Hong 1（4）:

336；华中婆婆纳 *V.　henryi* Yamazaki 1（4）：337；北水苦荬 *V.　anagallis-aquatica* Linn. 1（4）：338；水苦荬 *V.　undulata* Wall. 1（4）：338

　　<u>车前属 *Plantago* Linn.</u>　大车前 *P.　major* Linn. 1（4）：390；车前 *P. asiatica* Linn. 1（4）：390；平车前 *P.　depressa* Willd. 1（4）：390

131. 玄参科 Scrophulariaceae

　　常草本；单叶，常对生；花左右对称，花被 4 或 5，合生，多少二唇形，或具窄狭的筒部和宽喇叭形，裂片覆瓦状排列；雄蕊 5、4、2，花丝贴生于花冠；花药 2 室；心皮 2，2 室，蒴果（图 7-92）。

图 7-92

玄参科 Scrophulariaceae

醉鱼草 *Buddleja lindleyana*

A.花枝

B.花

C.花冠展开,示雌蕊和雄蕊的着生

D.雄蕊背面观

E.雄蕊腹面观

F.子房横切　蒴果和宿存花萼

毛蕊花属 *Verbascum* 毛蕊花 *V. thapsus* Linn. 1（4）: 312

玄参属 *Scrophularia* 玄参 *S. ningpoensis* Hemsl. 1（4）: 313；山西玄参 *S. modesta* Kitag. 1（4）: 314；长柱玄参 *S. stylosa* Tsoong 1（4）: 314

醉鱼草属 *Buddleja* 互叶醉鱼草 *B. alternifolia* Maxim. 1（4）: 99；醉鱼草 *B. lindleyana* Fort. 1（4）: 99；巴东醉鱼草 *B. albiflora* Hemsl. 1（4）: 100；大叶醉鱼草 *B. davidii* Franch. 1（4）: 102；密蒙花 *B. officinalis* Maxim. 1（4）: 105；皱叶醉鱼草 *B. crispa* Benth. 1（4）: 104

132. 唇形科 Lamiaceae

常草本，含芳香油；茎四棱；叶对生；花唇形，轮伞花序，2 强雄蕊，2 心皮子房，裂成 4 室，花柱生于子房裂隙的基部；4 个小坚果（图 7-93）。

紫珠属 *Callicarpa* 老鸦糊 *C. giraldii* Hesse ex Rehd. 1（4）: 202

牡荆属 *Vitex* 黄荆 *V. negundo* Linn. 1（4）: 200；荆条 *V. negundo*

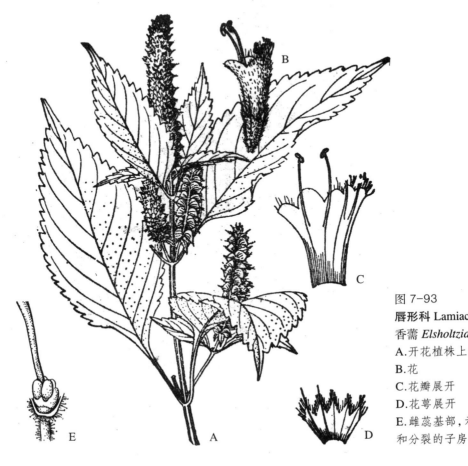

图 7-93
唇形科 Lamiaceae
香薷 *Elsholtzia ciliata*
A. 开花植株上部
B. 花
C. 花瓣展开
D. 花萼展开
E. 雌蕊基部, 示基生的花柱和分裂的子房

Linn. var. *heterophylla* （Franch.） Rehd. 1（4）: 201

豆腐柴属 *Premna*　长柄豆腐柴 *P. puberula* Pamp. 1（4）: 204

香科科属 *Teucrium*　微毛血见愁 *T. viscidum* Bl. var. *nepetoides*（Lévl.） C. Y. Wu et S. Chow 1（4）: 212；岭香科科 *T. tsinlingense* C. Y. Wu et S. Chow 1（4）: 213

动蕊花属 *Kinostemon*　动蕊花 *K. ornatum*（Hemsl.）Kudo 1（4）: 211

筋骨草属 *Ajuga*　筋骨草 *A. ciliata* Bge. 1（4）: 214；金疮小草 *A. decumbens* Thunb. 1（a）: 284

水棘针属 *Amethystea*　水棘针 *A. caerulea* Linn. 1（4）: 217

莸属 *Caryopteris*　光果莸 *C. tangutica* Maxim. 1（4）: 205；三花莸 *C. terniflora* Maxim. 1（4）: 206

蜜蜂花属 *Melissa*　蜜蜂花 *M. axillaris*（Benth.）Bakh. f. 1（4）: 266

鼠尾草属 *Salvia*　鄂西鼠尾草 *S. maximowicziana* Hemsl. 1（4）: 260；荫生鼠尾草 *S. umbratica* Hance 1（4）: 261；粘毛鼠尾草 *S. roborowskii* Maxim. 1（4）: 261；丹参 *S. miltiorrhiza* Bge. 1（4）: 262；单叶丹参 *S. miltiorrhiza* Bge. var. *charbonnelii*（Levl.） C. Y. Wu 1（4）: 263；荔枝草 *S. plebeia* R. Br. 1（4）: 264；一串红 *S. splendens* Ker-Gawl. 1（4）: 265；秦岭鼠尾草 *S. piasezkii* Maxim. 1（4）: 265

夏枯草属 *Prunella*　夏枯草 *P. vulgaris* Linn. 1（4）: 242

地笋属 *Lycopus*　硬毛地笋 *L. lucidus* Turcz. var. *hirtus* Regel 1（4）: 275

荆芥属 *Nepeta*　荆芥 *N. cataria* Linn. 1（4）: 235；心叶荆芥 *N. fordii* Hemsl 1（4）: 235；康藏荆芥 *N. prattii* Lèvl. 1（4）: 234

裂叶荆芥属 *Schizonepeta*　多裂叶荆芥 *S. multifida*（Linn.） Briq. 1（4）: 233；裂叶荆芥 *S. tenuifolia*（Benth.） Briq. 1（4）: 233

青兰属 *Dracocephalum*　白花枝子花 *D. heterophyllum* Benth. 1（4）: 240；香青兰 *D. moldavica* Linn. 1（4）: 241

藿香属 *Agastache*　藿香 *A. rugosa*（Fisch. et Mey.）O. Ktze 1（4）: 23

龙头草属 *Meehania*　龙头草 *M. faberii*（Hemsl.）C. Y. Wu 1（4）: 239

活血丹属 *Glechoma*　活血丹 *G. longituba*（Nakai）Kupr. 1（4）: 237；白透骨消 *G. biondiana*（Diels） C. Y. Wu et C. Chen 1（4）: 237

异野芝麻属 *Heterolamium*　异野芝麻 *H. debile*（Hemsl.）C. Y. Wu 1（4）：266

牛至属 *Origanum*　牛至 *O. vulgare* Linn. 1（4）：270

百里香属 *Thymus*　百里香 *T. mongolicus* Ronn. 1（4）：272

薄荷属 *Mentha*　薄荷 *M. haplocalyx* Briq. 1（4）：274

风轮菜属 *Clinopodium*　风车草 *C. urticifolium*（Hance）C. Y. Wu et Hsuan. ex H. W. Li 1（4）：269

香薷属 *Elsholtzia*　鸡骨柴 *E. fruticosa*（D. Don）Rehd. 1（4）：280；木香薷 *E. stauntoni* Benth. 1（4）：280；密花香薷 *E. densa* Benth. 1（4）：282；香薷 *E. ciliata*（Thunb.）Hyland. 1（4）：283；穗状香薷 *E. stachyodes*（Link）C. Y. Wu 1（4）：281；野草香 *E. cypriani*（Pavol.）S. Chow ex Hsu 1（4）：281

紫苏属 *Perilla*　紫苏 *P. frutescens*（Linn.）Britt. 1（4）：276

石荠苎属 *Mosla*　石荠苎 *M. scabra*（Thunb.）C. Y. Wu et H. W. Li 1（4）：277；小鱼仙草 *M. dianthera*（Buch. -Ham.）Maxim. 1（4）：278

香茶菜属 *Rabdosia*　显脉香茶菜 *R. nervosa*（Hemsl.）C. Y. Wu et H. W. Li 1（4）：285；毛叶香茶菜 *R. japonica*（Burm. f.）Hara 1（4）：286 黄花香茶菜 *R. sculponeata*（Vaniot）Hara 1（4）：289；鄂西香茶菜 *R. henryi*（Hemsl.）Hara 1（4）：289；溪黄草 *R. serra*（Maxim.）Hara 1（4）：286；碎米桠 *R. rubescens*（Hemsl.）Hara 1（4）：287；线纹香茶菜 *R. lophanthoides*（Buch. -Ham. ex D. Don）Hara 1（4）：288；黄花香茶菜 *R. sculponeata*（Vaniot）Hara 1（4）：289；鄂西香茶菜 *R. henryi*（Hemsl.）Hara 1（4）：289

罗勒属 *Ocimum*　疏柔毛罗勒 *O. basilicum* Linn. var. *pilosum*（Willd.）Benth. 1（4）：291

黄芩属 *Scutellaria*　滇黄芩 *S. amoena* G. H. Wright 1（4）：222；黄芩 *S. baicalensis* Georgi 1（4）：223；方枝黄芩 *S. delavayi* Lévl. 1（4）：227；半枝莲 *S. barbata* D. Don 1（4）：227；连线黄芩 *S. guilielmi* A. Gray 1（4）：229；甘肃黄芩 *S. rehderiana* Diels 1（4）：224；湖南黄芩 *S. hunanensis* C. Y. Wu 1（4）：224；岩藿香 *S. franchetiana* Lévl. 1（4）：225；细花黄芩 *S. tenuiflora* C. Y. Wu 1（4）：226；河南黄芩 *S. honanensis*

C. Y. Wu et H. W. Li 1（4）：226；龙头黄芩 *S. meehanioides* C. Y. Wu 1（4）：220

　　钩子木属 *Rostrinucula* 　钩子木 *R. dependens*（Rehd.）Kudo 1（4）：284

　　铃子香属 *Chelonopsis* 　小叶铃子香 *C. giraldii* Diels 1（4）：243

　　鼬瓣花属 *Galeopsis* 　鼬瓣花 *G. bifida* Boenn. 1（4）：248

　　水苏属 *Stachys* 　甘露子 *S. sieboldi* Miq. 1（4）：256；绵毛水苏 *S. lanata* Jacq. 1（4）：255；针筒菜 *S. oblongifolia* Benth. 1（4）：256；蜗儿菜 *S. arrecta* L. H. Baily 1（4）：257；独齿水苏 *S. pseudophlomis* C. Y. Wu 1（4）：258

　　糙苏属 *Phlomis* 　大花糙苏 *P. megalantha* Diels 1（4）：245；糙苏 *P. umbrosa* Turcz. 1（4）：245；柴续断 *P. szechuanensis* C. Y. Wu 1（4）：247；橙花糙苏 *P. fruticosa* Linn. 1（4）：244

　　斜萼草属 *Loxocalyx* 　斜萼草 *L. urticifolius* Hemsl. 1（4）：254

　　益母草属 *Leonurus* 　益母草 *L. artemisia*（Lour.）S. Y. Hu 1（4）：251

　　夏至草属 *Lagopsis* 　夏至草 *L. supina*（Steph.）Ik. -Gal. ex Knorr. 1（4）：231

　　脓疮草属 *Panzeria* 　脓疮草 *P. alaschanica* Kupr. 1（4）：253

　　野芝麻属 *Lamium* 　宝盖草 *L. amplexicaule* Linn. 1（4）：249；野芝麻 *L. barbatum* Sieb. et Zucc. 1（4）：250

133. 透骨草科 Phrymacea

多年生草本；茎四棱形；单叶对生；穗状花序；花白中带紫，二唇形；瘦果。

　　透骨草属 *Phryma* 　透骨草 *P. leptostachya* Linn. var. *asiatica* Hara 1（4）：388

　　沟酸浆属 *Mimulus* 　四川沟酸浆 *M. szechuanensis* Pai 1（4）：319；沟酸浆 *M. tenellus* Bge. 1（4）：320

134. 列当科 Orobanchaceae

草本，半寄生到全寄生；叶互生螺旋状、或对生、单叶，常羽状浅裂到深裂，有时简化为鳞片状；花两性，左右对称。萼片5，合生；花冠5合生，二唇形；雄蕊4，2强雄蕊冠生；花丝贴生于花冠；花药2室，纵裂；蒴果2裂（图7-94）。

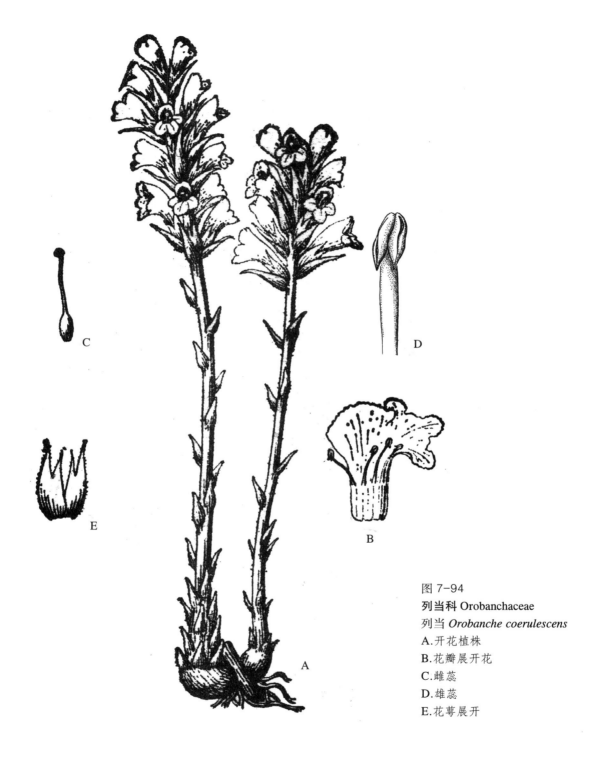

图 7-94
列当科 Orobanchaceae
列当 *Orobanche coerulescens*
A.开花植株
B.花瓣展开花
C.雌蕊
D.雄蕊
E.花萼展开

地黄属 *Rehmannia*　地黄 *R.　glutinosa*（Gaertn.）Libosch. ex Fisch. et Mey. 1（4）：341；裂叶地黄 *R.　piasezkii* Maxim. 1（4）：342

阴行草属 *Siphonostegia*　阴行草 *S.　chinensis* Benth. 1（4）：362

列当属 *Orobanche*　黄花列当 *O.　pycnostachya* Hance；列当 *O.　coerulescens* Steph.

来江藤属 *Brandisia*　来江藤 *B.　hancei* Hook.　f. 1（4）：316

山萝花属 *Melampyrum*　山萝花 *M.　roseum* Maxim. 1（4）：343

小米草属 *Euphrasia*　短腺小米草 *E.　regelii* Wettst. 1（4）：345；小米草 *E.　pectinata* Ten. 1（a）：289

马先蒿属 *Pedicularis*　山西马先蒿 *P.　shansiensis* Tsoong 1（4）：348；美观马先蒿 *P.　decora* Franch. 1（4）：349；红纹马先蒿 *P.　striata* Pall. 1（4）：350；藓生马先蒿 *P.　muscicola* Maxim. 1（4）：351；返顾马先蒿 *P.　resupinata* Linn. 1（4）：352；穗花马先蒿 *P.　spicata* Pall. 1（4）：355；扭旋马先蒿 *P.　torta* Maxim. 1（4）：357；扭盔马先蒿 *P.　davidii* Franch. 1（4）：357；大拟鼻花马先蒿 *P.　rhinanthoides* Schrenk ssp. labellata（Jacq.）Tsoong 1（4）：359；中国马先蒿 *P.　chinensis* Maxim. 1（4）：361

松蒿属 *Phtheirospermum*　松蒿 *P.　japonicum*（Thunb.）Kanitz 1（4）：344

135. 爵床科 Acanthaceae

常草本；叶对生，节部常膨大；花两性，常唇形；苞片大；雄蕊二强或 2；蒴果；种子常具种钩。

穿心莲 *Andrographis paniculata*（Burm.　f.）Nees 1（4）：386；九头狮子草 *Peristrophe japonica*（Thunb.）Bremek. 1（4）：387；爵床 *Rostellularia procumbens*（Linn.）Nees 1（4）：388；白接骨 *Asystasiella neesiana*（Wall.）Lindau 1（a）：299

136. 紫葳科 Bignoniaceae

木本；叶对生，叶柄基部或脉腋处常有腺体；常有卷须或气生根；花二唇形；雄蕊 4 育 1 败或 2 育 3 败；蒴果细长；种子通常具翅或两端有束毛。

凌霄属 *Campsis*　凌霄 *C.　grandiflora*（Thunb.）K.　Schumann 1（4）：367

角蒿属 *Incarvillea*　毛子草 *I.　arguta*（Royle）Royle 1（4）：368；角

蒿 *I. sinensis* Lam. 1（4）：369

梓属 *Catalpa* 梓树 *C. ovata* G. Don 1（4）：364；楸树 *C. bungei* C. A. Mey. 1（4）：365；灰楸 *C. fargesii* Bureau 1（4）：366

137. 马鞭草科 Verbenaceae

常木本；叶对生；基本花序为穗状或聚伞花序，花萼宿存，花冠合瓣，多左右对称，雄蕊 4，冠生，子房上位，花柱顶生；核果或蒴果状。

马鞭草 *Verbena officinalis* Linn. 1（4）：197；过江藤 *Phyla nodiflora* （Linn.） E. L. Greene 1（a）：283

桔梗类植物：花冠发育前期即合生，花小，胚短。包括冬青目、菊目、南鼠刺目、绒球花目、伞形目、盔被花目和川续断目 7 个目。

138. 青荚叶科 Helwingiaceae

落叶灌木；单叶互生，边缘有锯齿，托叶小；花小，单性，雌雄异株；雄花多至 12 朵，排成伞形花序生于叶面；雌花 1～4 朵聚生于叶面；花瓣 3～5，雄蕊 3～5；浆果状的核果。

青荚叶 *Helwingia japonica* （Thunb.） F. G. Dietr. 1（3）：440；中华青荚叶 *Helwingia chinensis* Batal. 1（3）：441

139. 冬青科 Aquifoliaceae

常绿木本，单叶常互生；花单性异株，排成腋生的聚伞花序或簇生花序，无花盘；浆果状核果。

大果冬青 *Ilex macrocarpa* Oliv. 1（3）：193；猫儿刺 *Ilex pernyi* Franch. 1（3）：195；冬青 *Ilex chinensis* Sims 1（a）：205

140. 桔梗科 Campanulaceae

常草本，乳汁管含乳汁，单叶互生；花两性，辐射对称到两侧对称，花瓣 5，合生，形成管状或钟状花冠；雄蕊 5，花丝分离到末端合生，常附着于子房顶端的盘上；心皮 2～5，合生，子房常下位（或半下位），中轴胎座；花柱近顶部具有收集花粉的毛；蒴果或浆果（图 7-95）。

桔梗属 *Platycodon* 桔梗 *P. grandiflorus* （Jacq.） A. DC. 1（5）：117

刺萼参属 *Echinocodon* 刺萼参 *E. lobophyllus* Hong 1（a）：312

党参属 *Codonopsis* 党参 *C. pilosula* （Franch.） Nannf. 1（5）：120；川党参 *C. tangshen* Oliv. 1（5）：121；秦岭党参 *C. tsinlingensis* Pax et Hoffm. 1（5）：121

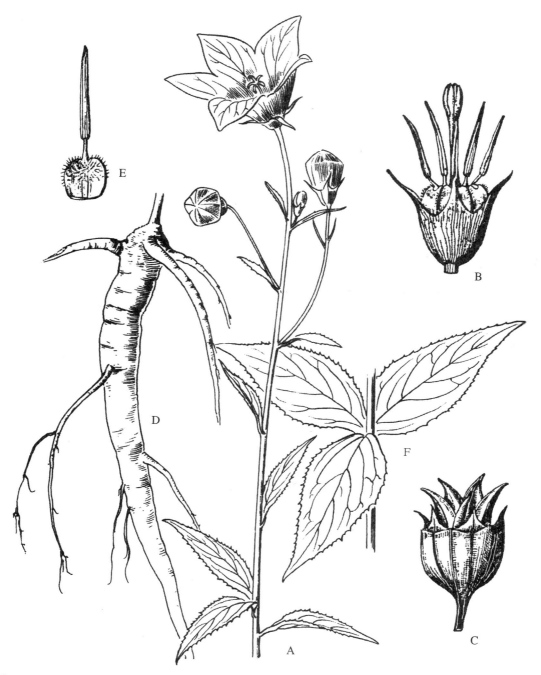

图 7-95
桔梗科 Campanulaceae
桔梗 *Platycodon grandiflorus*
A.开花植株上部 B.去花冠示雌雄蕊 C.果实 D.根 E.雄蕊 F.部分茎叶

风铃草属 *Campanula*　紫斑风铃草 *C. punctata* Lam. 1（5）：124

袋果草属 *Peracarpa*　袋果草 *P. carnosa*（Wall.）Hook. f. et Thoms. 1（5）：137

沙参属 *Adenophora*　沙参 *A. stricta* Miq. 1（5）：128；石沙参 *A. polyantha* Nakai 1（5）：129；薄叶荠苨 *A. remotiflora* Miq. 1（5）：130；多歧沙参 *A. wawreana* A. Zahlbr. 1（5）：132；秦岭沙参 *A. tsinlingensis* Pax et Hoffm. 1（5）：133；丝裂沙参 *A. capillaris* Hemsl. 1（5）：134

半边莲属 *Lobelia*　半边莲 *L. chinensis* Lour. 1（a）：313

141. 菊科 Asteraceae

草木、灌木；常具树脂道和乳汁管；含有半倍萜内酯；单叶，有时深裂或多裂；花多少密集成无限头状花序，有总苞，花两性或单性，辐射对称或两侧对称；萼片高度变态，形成冠毛；花瓣 5，合生成一辐状或管状花冠（盘状花）；或形成一两侧对称、伸长的舌状花冠，花冠末端 5 小齿（舌状花）头状花序仅有盘花，或盘花位于中央而边花围绕于外围，边花为雌花或不育，或仅有舌状花组成；雄蕊 5；花丝分离，贴生于花冠筒；花药合生成鄰药雄蕊，常具顶部或基部附属物，围绕花柱形管状，花粉在管中释放，然后花柱从管中伸长，推出或收集花粉（通过各种发育的毛）并将花粉传递给花的拜访者，随后柱头变成接授粉者（即柱传式或毛刷式传粉机制）；花粉粒常 3 孔沟。心皮 2，合生，子房下位，具基底胎座；花柱二分叉，具覆盖内表面的柱头组织或柱头组织在 2 个边线；子房 1 胚珠，具单珠被和薄壁大孢子囊。蜜腺在子房顶部建。瘦果，具宿存冠毛，有时扁平、具翅或刺；胚乳极少或缺失（图 7-96）。

和尚菜属 *Adenocaulon*　和尚菜 *A. himalaicum* Edgew. 1（5）：218

大丁草属 *Leibnitzia* Cass.　大丁草 *L. anandria*（Linn.）Nakai 1（5）：389

蓝刺头属 *Echinops*　蓝刺头 *E. latifolius* Tausch. 1（5）：326；刚毛蓝刺头 *E. setifer* Iljin 1（5）：326；砂蓝刺头 *E.gmelinii* Turcz. 1（5）：327

苍术属 *Atractylodes*　白术 *A. macrocephala* Koidz. 1（5）：328；苍术 *A. lancea*（Thunb.）DC. 1（5）：329；北苍术 *A. lancea*（Thunb.）DC. var. *chinensis*（Bge.）Kitam. 1（5）：330

大翅蓟属 *Onopordum*　大翅蓟 *O. acanthium* Linn. 1（5）：374

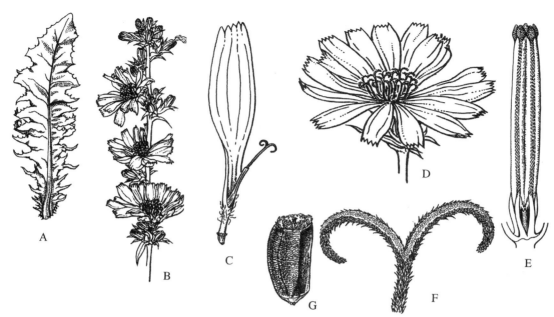

图 7-96

菊科 Asteraceae

菊苣 *Cichorium intybus*

A.基生叶　B.花枝上部　C.舌状花　D.头状花序　E.雄蕊群(聚药雄蕊)　F.柱头　G.瘦果

山牛蒡属 *Synurus*　山牛蒡 *S. deltoides*（Ait.）Nakai, 1（5）：375

鳍蓟属 *Olgaea*　青海鳍蓟 *O. tangutica* Iljin 1（5）：332

泥胡菜属 *Hemistepta*　泥胡菜 *H. lyrata*（Bge.）Bge. 1（5）：343

风毛菊属 *Saussurea*　紫苞风毛菊 *S. iodostegia* Hance 1（5）：347；长梗风毛菊 *S. dolichopoda* Diels 1（5）：350；杨叶风毛菊 *S. populifolia* Hemsl. 1（5）：357；风毛菊 *S. japonica*（Thunb.）DC. 1（5）：349；秦岭风毛菊 *S. tsinlingensis* Hand.-Mzt. 1（5）：369；深裂风毛菊 *S. paucijuga* Ling 1（5）：356；太白山风毛菊 *S. taipaiensis* Ling 1（5）：347；草地风毛菊 *S. amara*（Linn.）DC. 1（5）：348；羽叶风毛菊 *S. henryi* Hemsl. 1（5）：353；弯齿风毛菊 *S. przewalskii* Maxim. 1（5）：353；少头风毛菊 *S. oligocephala*（Ling）Ling 1（5）：354；光叶风毛菊 *S. acrophila* Diels 1（5）：355；深裂风毛菊 *S. paucijuga* Ling 1（5）：356；纤细风毛菊 *S. flaccida* Ling 1（5）：363；肾叶风毛菊 *S. reniformis* Ling 1（5）：364；大耳叶风毛菊 *S. macrota* Franch. 1（5）：365

云木香属 *Aucklandia*　云木香 *A. lappa*（Decne.）Ling 1（5）：374

牛蒡属 *Arctium*　牛蒡 *A. lappa* Linn. 1（5）：330

蓟属 *Cirsium*　烟管蓟 *C. pendulum* Fisch. 1（5）：336；魁蓟 *C. leo* Nakai et Kitag. 1（5）：336；马刺蓟 *C. monocephalum*（Vant.）Lévl. 1（5）：337；总状蓟 *C. botryodes* Petrak ex Hand. -Mzt. 1（5）：338；大蓟 *C. japonicum* Fisch. ex DC. 1（5）：338；湖北蓟 *C. hupehense* Pamp. 1（5）：339

刺儿菜属 *Cephalanoplos*　刺儿菜 *C. segetum*（Bge.）Kitam. 1（5）：334；大刺儿菜 *C. setosum*（Willd.）Kitam. 1（5）：335

飞廉属 *Carduus*　飞廉 *C. crispus* Linn. 1（5）：333

麻花头属 *Serratula*　钟苞麻花头 *S. cupuliformis* Nakai et Kitag. 1（5）：376；华麻花头 *S. chinensis* S. Moore 1（5）：377；蕴苞麻花头 *S. stranglata* Iljin 1（5）：378

漏芦属 *Rhaponticum*　祁洲漏芦 *R. uniflorum*（Linn.）DC. 1（5）：379

兔耳风属 *Ainsliaea*　宽穗兔耳风 *A. triflora*（Buch. -Ham.）1（5）：386；狭叶兔耳风 *A. angustata* Chang 1（5）：387

帚菊属 *Pertya*　华帚菊 *P. sinensis* Oliv. 1（5）：383；心叶帚菊 *P. cordifolia* Mattf. 1（5）：384

蚂蚱腿子属 *Myripnois*　蚂蚱腿子 *M. dioica* Bge. 1（5）：384

鸦葱属 *Scorzonera*　鸦葱 *S. austriaca* Willd. 1（5）：395

菊苣属 *Cichorium*　菊苣 *C. intybus* L.

莴苣属 *Lactuca*　莴苣 *L. sativa* Linn. 1（5）：408；蒙山莴苣 *L. tatarica*（Linn.）C. A. Mey. 1（5）：405；山莴苣 *L. indica* Linn. 1（5）：405；毛脉山莴苣 *L. raddeana* Maxim. 1（5）：407；异叶莴苣 *L. diversifolia* Vant. 1（5）：409

盘果菊属（蛇根菊属）*Prenanthes*　盘果菊 *P. tatarinowii* Maxim. 1（5）：410

苦苣菜属 *Sonchus*　苣荬菜 *S. arvensis* Linn. 1（5）：401；苦苣菜 *S. oleraceus* Linn. 1（5）：401；续继菊 *S. asper*（Linn.）Hill. 1（5）：402

猫儿菊属 *Achyrophorus*　猫儿菊 *A. ciliatus*（Thunb.）Sch. - Bip. 1（5）：393

毛连菜属 *Picris*　毛连菜 *P. hieracioides* Linn. ssp. japonica（Thunb.）Krylv.　1（5）：397

绢毛菊属 *Soroseris*　绢毛菊 *S. hookeriana*（C. B. Clarke）Stebb. 1（5）：403；糖芥绢毛菊 *S. hookeriana*（C. B. Clarke）Stebb. ssp. erysimoides（Hand. -Mzt.）Stebb. 1（5）：403

蒲公英属 *Taraxacum*　华蒲公英 *T. sinicum* Kitag. 1（5）：398；蒲公英 *T. mongolicum* Hand. -Mzt. 1（5）：398；川甘蒲公英 *T. lugubre* Dahlst. 1（5）：399；药蒲公英 *T. officinale* Wigg. 1（5）：400

苦荬菜属 *Ixeris*　山苦荬 *I. chinensis*（Thunb.）Nakai 1（5）：415；抱茎苦荬菜 *I. sonchifolia*（Bge.）Hance 1（5）：417

黄鹌菜属 *Youngia*　异叶黄鹌菜 *Y. heterophylla*（Hemsl.）Babc. et Stebb. Gen. Young. 1（5）：413；黄鹌菜 *Y. japonica*（Linn.）DC. 1（5）：414

还阳参属 *Crepis*　还阳参 *C. crocea*（Lamk.）Babc. 1（5）：411

蜂斗菜属 *Petasites* Mill.　蜂斗菜 *P. japonicus*（Sieb. et Zucc.）Maxim. 1（5）：281

款冬属 *Tussilago* Linn.　款冬 *T. farfara* Linn. 1（5）：280

华蟹甲草属 *Sinacalia*　双舌华蟹甲草 *S. davidii*（Franch.）H. Koyama 1（5）：302；羽裂华蟹甲草 *S. tangutica*（Maxim.）B. Nord. 1（5）：302

蟹甲草属 *Cacalia*　山尖子 *C. hastata* Linn. 1（5）：291；秦岭蟹甲草 *C. tsinlingensis* Hand. -Mzt. 1（5）：294；耳叶蟹甲草 *C. auriculata* DC. 1（5）：297；耳翼蟹甲草 *C. otopteryx* Hand. -Mzt. 1（5）：298；中华蟹甲草 *C. sinica* Ling 1（5）：301

兔儿伞属 *Syneilesis*　兔儿伞 *S. aconitifolia*（Bge.）Maxim. 1（5）：289

橐吾属 *Ligularia*　肾叶橐吾 *L. fischeri*（Ledeb.）Turcz. 1（5）：319；狭苞橐吾 *L. intermedia* Nakai 1（5）：320；褐毛橐吾 *L. achyrotricha*（Diels）Ling 1（5）：314

千里光属 *Senecio*　狗舌草 *S. kirilowii* Turcz. ex DC. 1（5）：305；蒲儿根 *S. oldhamianus* Maxim. 1（5）：306；千里光 *S. scandens* Buch. -Ham. ex D. Don 1（5）：311

三七草属（菊三七属）*Gynura*　野茼蒿 *G. crepidioides* Benth. 1（5）：

284；三七草 *G. japonica*（Linn. f.）Juel 1（5）: 285

点红属 *Emilia* 一点红 *E. sonchifolia*（Linn.）DC. 1（5）: 286

火绒草属 *Leontopodium* 薄雪火绒草 *L. japonicum* Miq. 1（5）: 186；小头火绒草 *L. microcephalum*（Hand. -Mzt.）Ling 1（5）: 187；秦岭火绒草 *L. giraldii* Diels 1（5）: 187；矮火绒草 *L. nanum*（Hook. f. et Thoms.）Hand. -Mzt. 1（5）: 188；长叶火绒草 *L. longifolium* Ling 1（5）: 189；银叶火绒草 *L. souliei* Brauv. 1（5）: 189；绢茸火绒草 *L. smithianum* Hand. -Mzt. 1（5）: 191；火绒草 *L. leontopodioides*（Willd.）Beauv. 1（5）: 192

香青属 *Anaphalis* 珠光香青 *A. margaritacea*（Linn.）Benth. et Hook. f. 1（5）: 193；黄腺香青 *A. aureopunctata* Lingelsh. et Borza 1（5）: 196；淡黄香青 *A. flavescens* Hand. -Mzt. 1（5）: 197；铃铃香青 *A. hancockii* Maxim. 1（5）: 199；尼泊尔香青 *A. nepalensis*（Spreng.）Hand. -Mzt. 1（5）: 199

鼠曲草属 *Gnaphalium* 宽叶鼠曲草 *G. adnatum*（Wall. ex DC.）Kitam. 1（5）: 201；丝棉草 *G. luteo-album* Linn. 1（5）: 202；鼠曲草 *G. affine* D. Don 1（5）: 203；秋鼠曲草 *G. hypoleucum* DC. 1（5）: 203；细叶鼠曲草 *G. japonicum* Thunb. 1（5）: 204

蜡菊属 *Helichrysum* 蜡菊 *H. bracteatum*（Vent.）Andr. 1（5）: 205

毛冠菊属 *Nannoglottis* 毛冠菊 *N. carpesioides* Maxim. 1（5）: 279

白酒草属 *Conyza* 灰绿白酒草 *C. bonariensis*（Linn.）Cronq. 1（5）: 182；小白酒草 *C. canadensis*（Linn.）Cronq. 1（5）: 182；白酒草 *C. japonica*（Thunb.）Less. 1（5）: 183

鱼眼草属 *Dichrocephala* 鱼眼草 *D. auriculata*（Thunb.）Druce 1（5）: 146；小鱼眼草 *D. benthamii* C. B. Clarke 1（5）: 147

翠菊属 *Callistephus* 翠菊 *C. chinensis*（Linn.）Nees 1（5）: 156

紫菀属 *Aster* 紫菀 *A. tataricus* Linn. f. 1（5）: 164；耳叶紫菀 *A. auriculatus* Franch. 1（5）: 165；灰枝紫菀 *A. poliothamnus* Diels ex Limpr. 1（5）: 165；舟曲紫菀 *A. sikuensis* W. W. Smith et Farr. 1（5）: 166；甘川紫菀 *A. smithianus* Hand. -Mzt. 1（5）: 167；翼柄紫菀 *A. alatipes* Hemsl. 1（5）: 168；细茎紫菀 *A. gracilicaulis* Ling ex J. Q. Fu 1（5）: 169；小舌紫菀 *A. albescens*（DC.）Hand. -Mzt. 1（5）: 170；镰叶紫菀 *A. brachyphyllus*

Chang 1（5）：171；荷兰菊 *A. novi-belgii* Linn. 1（5）：172；石砾紫菀 *A. glarearum* W. W. Smith. et Farr. 1（5）：176；狭苞紫菀 *A. farreri* W. W. Smith. et J. F. Jeffr. 1（5）：176；三褶紫菀 *A. ageratoides* Turcz. 1（5）：167；柔软紫菀 *A. flaccidus* Bge. 1（5）：175

女菀属 *Turczaninovia* 女菀 *T. fastigiata*（Fisch.）DC. 1（5）：162

马兰属 *Kalimeris* 马兰 *K. indica*（Linn.）Sch. -Bip. 1（5）：153；北方马兰 *K. mongolica*（Franch.）Kitam. 1（5）：154；全叶马兰 *K. integrifolia* Turcz. ex DC. 1（5）：152；披针叶马兰 *K. lancifolia* J. Q. Fu 1（5）：152；纤细马兰 *K. indica*（Linn.）Sch. -Bip. f. gracilis J. Q. Fu 1（5）：154；无冠毛马兰 *K. indica*（Linn.）Sch. -Bip. f. epappus J. Q. Fu 1（5）：154；羽叶马兰 *K. pinnatifida*（Maxim.）Kitam. 1（5）：154

狗哇花属 *Heteropappus* 阿尔泰狗哇花 *H. altaicus*（Willd.）Novopokr. 1（5）：157；狗哇花 *H. hispidus*（Thunb.）Less. 1（5）：158；大花狗哇花 *H. magnicalathinus* J. Q. Fu 1（5）：159；圆齿狗哇花 *H. crenatifolius*（Hand. -Mzt.）Griers. 1（5）：159

粘冠草属 *Myriactis* 圆舌粘冠草 *M. nepalensis* Lees. 1（a）：314

飞蓬属 *Erigeron* 一年蓬 *E. annuus*（Linn.）Pers. 1（5）：179；飞蓬 *E. acer* Linn. 1（5）：180；太白山飞蓬 *E. taipeiensis* Ling et Y. L. Chen 1（5）：178；堪察加飞蓬 *E. kamtschaticus* DC. 1（5）：180；多舌飞蓬 *E. multiradiatus*（Lindl.）Benth. 1（a）：316

亚菊属 *Ajania* 柳叶亚菊 *A. salicifolia*（Mattf.）Poljak. 1（5）：254；异叶亚菊 *A. variifolia*（Chang）Tzvel. 1（5）：254；亚菊 *A. pallasiana*（Fisch. ex Bess.）Poljak. 1（5）：256；分枝亚菊 *A. ramosa*（Chang）Shih 1（5）：255；疏齿亚菊 *A. remotipinna*（Hand. -Mzt.）Ling et Shih 1（5）：256；齿叶亚菊 *A. dentata* X. D. Cui 1（5）：257；川甘亚菊 *A. potaninii*（Krasch.）Poljak. 1（5）：257

菊属 *Dendranthema* 甘菊 *D. lavandulaefoliun*（Fisch. ex. Trautv.）Kitam. 1（5）：247；野菊 *D. indicum*（Linn.）Des Moul. 1（5）：248；菊花 *D. grandiflorum*（Ramat.）Kitam. 1（5）：251；黄花小山菊 *D. hypargyreum*（Diels）Ling et Shih 1（5）：249；毛华菊 *D. vestitum*（Hemsl.）Ling 1（5）：249；小红菊 *D. chanetii*（Lévl.）Shih 1（5）：250

蒿属 *Artemisia* 大籽蒿 *A. sieversiana* Willd. 1（5）：261；黄花蒿 *A. annua* Linn 1（5）：262；青蒿 *A. apiacea* Hance 1（5）：263；白莲蒿 *A. gmelinii* Web. ex Stechm. 1（5）：264；艾蒿 *A. argyi* Lévl. et Vant. 1（5）：270；莳萝蒿 *A. anethoides* Mattf. 1（5）：261；大莳萝蒿 *A. anethifolia* Web. ex Stechm. 1（5）：262；毛莲蒿 *A. vestita* Wall. ex DC. 1（5）：263；白莲蒿 *A. gmelinii* Web. ex Stechm. 1（5）：264；歧茎蒿 *A. igniaria* Maxim. 1（5）：265；灰苞蒿 *A. roxburghiana* Bess. 1（5）：266；蒙古蒿 *A. mongolica* Fisch. ex Bess. 1（5）：266；白叶蒿 *A. leucophylla* Turcz. ex C. B. Clarke 1（5）：267；魁蒿 *A. princeps* Pamp. 1（5）：267；印度蒿 *A. indica* Willd. 1（5）：268；阴地蒿 *A. sylvatica* Maxim. 1（5）：268；秦岭蒿 *A. qinlingensis* Ling et Y. R. Ling 1（5）：269；野艾蒿 *A. lavandulaefolia* DC. 1（5）：271；侧蒿 *A. deversa* Diels 1（5）：273；白苞蒿 *A. lactiflora* Wall. ex DC. 1（5）：274；扫帚艾蒿 *A. scoparia* Waldst. et Kit. 1（5）：274；牡蒿 *A. japonica* Thunb. 1（5）：275；小花蒿 *A. parviflora* Buch. -Ham. ex Roxb. 1（5）：276；牛尾蒿 *A. subdigitata* Mattf. 1（5）：277

著属 *Achillea* Linn. 多叶著 *A. millefolium* Linn. 1（5）：242；云南著 *A. wilsoniana*（Heim.）Heim. 1（5）：244；齿叶著 *A. acuminata*（Ledeb.）Sch. -Bip. 1（5）：242

旋覆花属 *Inula* Linn. 总状土木香 *I. racemosa* Hook. f. 1（5）：206；旋覆花 *I. japonica* Thunb. 1（5）：207；线叶旋覆花 *I. lineariifolia* Turcz. 1（5）：208

天名精属 *Carpesium* Linn. 大花金挖耳 *C. macrocephalum* Franch. et Sav. 1（5）：210；烟管头草 *C. cernuum* Linn. 1（5）：210；暗花金挖耳 *C. triste* Maxim. 1（5）：213；小花金挖耳 *C. minum* Hemsl. 1（5）：214；薄叶天名精 *C. leptophyllum* Chen et C. M. Hu 1（5）：215；四川天名精 *C. szechuanense* Chen et C. M. Hu 1（5）：215；长叶天名精 *C. longifolium* Chen et C. M. Hu 1（5）：217；天名精 *C. abrotanoides* Linn. 1（5）：217

石胡荽属 *Centipeda* Lour. 石胡荽 *C. minima*（Linn.）A. Brown et Ascher. 1（5）：258

鬼针草属 *Bidens* Linn. 狼把草 *B. tripartita* Linn. 1（5）：232；小花

鬼针草 *B. parviflora* Willd. 1（5）：233；白花鬼针草 *B. pilosa* Linn. var. *radiata* Sch. -Bip. 1（5）：235；金盏银盘 *B. biternata*（Lour.）Merr. et Sherff 1（5）：235；婆婆针 *B. bipinnata* Linn. 1（5）：236

苍耳属 *Xanthium* Linn.　苍耳 *X. sibiricum* Patrin ex Widder 1（5）：220

向日葵属 *Helianthus* Linn.　向日葵 *H. annuus* Linn. 1（5）：227；菊芋 *H. tuberosus* Linn. 1（5）：228

醴肠属 *Eclipta* Linn.　醴肠 *E. prostrata*（Linn.）Linn. 1（5）：225

豨莶属 *Siegesbeckia* Linn.　豨莶 *S. orientalis* Linn. 1（5）：223；腺梗豨莶 *S. pubescens*（Makino）Makino 1（5）：224

泽兰属 *Eupatorium* Linn.　白鼓钉 *E. lindleyanum* DC. 1（5）：142；轮叶泽兰 *E. lindleyanum* DC. var. *trifoliolatum* Makino 1（5）：142；异叶泽兰 *E. heterophyllum* DC. 1（5）：143；佩兰 *E. fortunei* Turcz. 1（5）：143；华泽兰 *E. chinense* Linn 1（5）：144；泽兰 *E. japonicum* Thunb. 1（5）：144。

142. 五福花科 Adoxaceae

小乔木、灌木或多年生草木；叶对生，单叶、三小叶，或羽状复叶。花两性，辐射对称。萼片 2～5，合生。花瓣 4～5，合生，常具有短花冠筒；雄蕊 5；心皮 4～5，合生；子房下位或半下位，花柱短，柱头头状；核果（图 7－97）。

荚蒾属 *Viburnum*　丛花荚蒾 *V. glomeratum* Maxim. 1（5）：37；绣球荚蒾 *V. macrocephalum* Fort. 1（5）：37；陕西荚蒾 *V. schensianum* Maxim. 1（5）：37；蒙古荚蒾 *V. mongolicum*（Pall.）Rehd. 1（5）：38；粉团 *V. plicatum* Thunb. 1（5）：41；蝴蝶戏珠花 *V. plicatum* Thunb. f. tomentosum（Thunb.）Rehd. 1（5）：42；香荚蒾 *V. farre* W. T. Stearn 1（5）：42；珊瑚树 *V. odoratissimum* Ker 1（5）：44；桦叶荚蒾 *V. betulifolium* Batal. 1（5）：47；荚蒾 *V. dilatatum* Thunb. 1（5）：48；鸡树条荚蒾 *V. sargentii* Koehne 1（5）：50；阔叶荚蒾 *V. lobophyllum* Graebn. 1（5）：47；湖北荚蒾 *V. hupehense* Rehd. 1（5）：47；北方荚蒾 *V. hupehense* Rehd. ssp. septentrionale Hsu 1（5）：48

接骨木属 *Sambucus*　接骨草 *S. chinensis* Lindl. 1（5）：30；血满草 *S. adnata* Wall. 1（5）：31；接骨木 *S. williamsii* Hance 1（5）：31

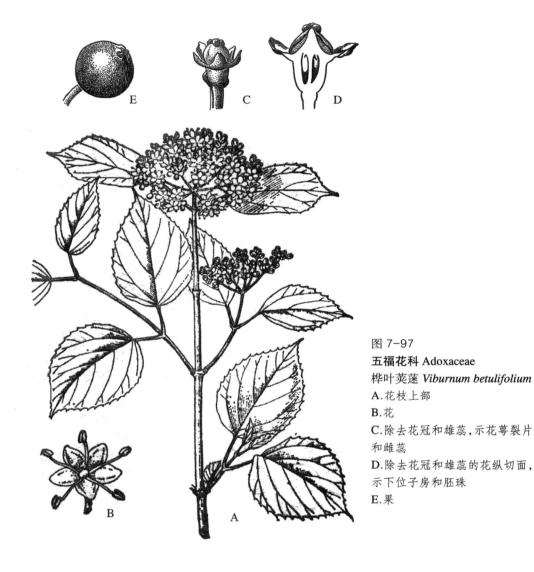

图 7-97
五福花科 Adoxaceae
桦叶荚蒾 *Viburnum betulifolium*
A.花枝上部
B.花
C.除去花冠和雄蕊,示花萼裂片
和雌蕊
D.除去花冠和雄蕊的花纵切面,
示下位子房和胚珠
E.果

143. 忍冬科 Caprifoliaceae（包括败酱科 Valerianaceae 川续断科）Di-psacaceae）

常草本、灌木，小乔木或藤本；叶对生，单叶，无托叶；花两性，左右对称；花瓣 5，合生，常具 2 个上裂片和 3 个下裂片或单个下裂片和 4 个上裂片；雄蕊 4 或 5；心皮常 2~5，合生，子房下位，花柱伸长；柱头头状；果为蒴果、浆果、核果或瘦果（图 7-98）。

锦带花属 *Weigela* Thunb.　锦带花 *W. florida*（Bge.）A. DC. 1（5）: 83

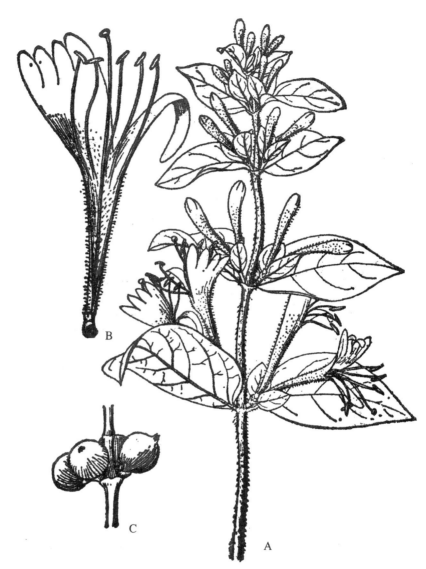

图 7-98
忍冬科 Caprifoliaceae
忍冬 Lonicera japonica
A.花枝上部
B.花展开
C.果实

<u>莛子藨属 *Triosteum* Linn.</u>　穿心莛子藨 *T. himalayanum* Wall. 1（5）*:* 32；羽裂叶莛子藨 *T. pinnatifidum* Maxim. 1（5）: 33

<u>忍冬属 *Lonicera* Linn.</u>　陇塞忍冬 *L. tangutica* Maxim. 1（5）: 55；四川忍冬 *L. szechuanica* Batal. 1（5）: 58；毛果忍冬 *L. trichogyne* Rehd. 1（5）: 58；华西忍冬 *L. webbiana* Wall. ex DC. 1（5）: 58；粘毛忍冬 *L. fargesii* Franch. 1（5）: 59；蕊被忍冬 *L. gynochlamydea* Hemsl. 1（5）: 62；

蓝锭果 *L. caerulea* Linn. var. *edulis* Turcz. ex Herd. 1（5）：63；葱皮忍冬 *L. ferdinandii* Franch. 1（5）：64；刚毛忍冬 *L. hispida* Pall. ex Roem. et Schult. 1（5）：65；冠果忍冬 *L. stephanocarpa* Franch. 1（5）：66；苦糖果 *L. standishii* Carr. 1（5）：67；金花忍冬 *L. chrysantha* Turcz. 1（5）：69；金银忍冬 *L. maackii*（Rupr.）Maxim. 1（5）：71；毛花忍冬 *L. trichosantha* Bur. et Franch. 1（5）：71；忍冬 *L. japonica* Thunb. 1（5）：72；巴东忍冬 *L. acuminata* Wall. 1（5）：74；盘叶忍冬 *L. tragophylla* Hemsl. 1（5）：76

毛核木属 *Symphoricarpos* 毛核木 *S. sinensis* Rehd. 1（5）：79

蝟实属 *Kolkwitzia* 蝟实 *K. amabilis* Graebn. 1（5）：51

双盾木属 *Dipelta* 双盾木 *D. floribunda* Maxim. 1（5）：77；云南双盾木 *D. yunnanensis* Franch. 1（5）：77；优美双盾木 *D. elegans* Batal. 1（5）：78；文县双盾木 *D. wenxianensis* Y. F. Wang et Lian 1（a）：301

六道木属 *Abelia* 蒴梗花 *A. engleriana*（Graebn.）Rehd 1（5）：81；小叶六道木 *A. parvifolia* Hemsl. 1（5）：82

败酱属 *Patrinia* Juss. 败酱 *P. scabiosaefolia* Fisch. ex Link 1（5）：86；糙叶败酱 *P. scabra* Bge. 1（5）：87；岩败酱 *P. rupestris*（Pall.）Dufr. 1（5）：88；单蕊败酱 *P. monandra* C. B. Clarke 1（5）：88；异叶败酱 *P. heterophylla* Bge. 1（5）：89

缬草属 *Valeriana* Linn. 心叶缬草 *V. jatamansi* Jones 1（5）：90；缬草 *V. officinalis* Linn. 1（5）：91；柔垂缬草 *V. flaccidissima* Maxim. 1（5）：92；长序缬草 *V. hardwickii* Wall. 1（5）：93；瑞香缬草 *V. daphniflora* Hand. -Mazz. 1（a）：303；小花缬草 *V. minutiflora* Hand. -Mazz. 1（a）：304；全叶缬草 *V. hiemalis* Graebn. 1（a）：305

双参属 *Triplostegia* Wall. ex DC. 双参 *T. glandulifera* Wall. ex DC. 1（5）：94

川续断属 *Dipsacus* Linn. 川续断 *D. asper* Wall. ex DC. 1（5）：96；续断 *D. japonicus* Miq. 1（5）：96

144. 海桐科 Pittosporaceae

常绿灌木或小乔木；单叶互生，有时在枝顶簇生，倒卵形或椭圆形，先端圆钝，基部楔形，全缘，边缘反卷，厚革质，表面浓绿有光泽；花小，花白色或淡黄色，有芳香，成顶生伞形花序；10 月果熟，蒴果卵球形，木质，有毛，有棱角，成熟时三瓣裂，露出鲜红色种子。

海桐属 *Pittosporum* Banks 海桐 *P. tobira*（Thunb.）Ait.；崖花海桐 *P. truncatum* Pritz. 1（2）：463；柄果海桐 *P. podocarpum* Gagnep. 1（2）：464

145. 五加科 Araliaceae

灌木，藤本或乔木，具芳香味；具分泌道；叶互生和螺旋状着生，羽状或掌状复叶到单叶，常深裂或浅裂；伞形花序，又常排列为总状、穗状、或圆锥状花序；花小，萼片 5，分离，十分退化。花瓣常 5，分离；雄蕊 5；心皮常 2~5，合生，子房下位；花柱多少基部膨大形成一分泌花蜜结构（花柱基）于子房顶部；浆果或核果（图 7−99）。

天胡荽属 *Hydrocotyle* 红马蹄草 *H. nepalensis* Hook. 1（3）：372；天胡荽 *H. sibthorpioides* Lam. 1（3）：372

人参属 *Panax* Linn. 大叶三七 *P. pseudo-ginseng* Wall. var. *japonicus*（C. A. Mey.）G. Hoo 1（3）：358

楤木属 *Aralia* Linn. 楤木 *A. chinensis* Linn. 1（3）：363；黄花楤木 *A. chinensis* Linn. var. *nuda* Nakai 1（3）：363；柔毛龙眼独活 *A. henryi* Harms 1（3）：363

八角金盘属 *Fatsia* Decne. & Planch. 八角金盘 *F. japonica*（Thunb.）Decne. et Planch.

大参属 *Macropanax* Miq. 短梗大参 *M. rosthornii*（Harms）Wu ex Hoo 1（3）：369

梁王茶属 *Nothopanax* Miq. 异叶梁王茶 *N. davidii*（Franch.）Harms 1（3）：362

刺楸属 *Kalopanax* Miq. 刺楸 *K. septemlobus*（Thunb.）Koidz. 1（3）：360

五加属 *Acanthopanax* Miq. 蜀五加 *A. setchuenensis* Harms 1（3）：364；糙叶五加 *A. henryi*（Oliv.）Harms 1（3）：364；藤五加 *A. leucorrhizus*（Oliv.）Harms 1（3）：365；短柄五加 *A. brachypus* Harms 1（3）：366；红毛五加 *A. giraldii* Harms 1（3）：367；太白山五加 *A. stenophyllus* Harms et Rehd. 1（3）：367；白簕 *A. trifoliatus*（Linn.）Merr. 1（3）：368；

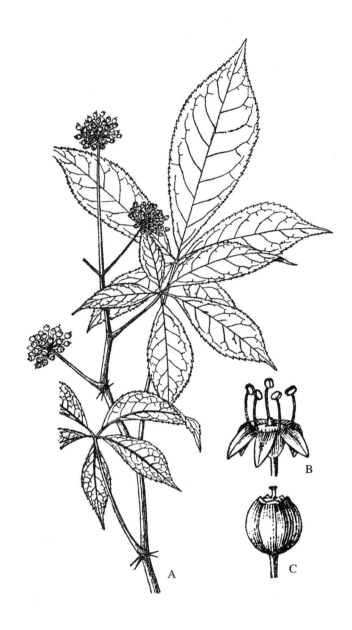

图 7-99
五加科 Araliaceae
藤五加 *Acanthopanax leucorrhizus*
A.花枝
B.花
C.果

五加 *A. gracilistylus* W．W．Smith 1（3）: 368; 太白山五加 *A. stenophyllus* Harms et Rehd. 1（3）: 367; 线叶五加 *A. stenophyllus* Harms f. angustissimus Rehd. 1（3）: 367

通脱木属 *Tetrapanax* K．Koch 通脱木 *T．papyrifer*（Hook.）K．Koch 1（3）: 361

常春藤属 *Hedera* Linn.　常春藤 *H.　nepalensis* K.　Koch var.　*sinensis*（Tobl.）　Rehd. 1（3）: 359

146. 伞形科 Apiaceae

芳香性草本；茎通常在节间区中空；具分泌道，分泌精油和树脂；叶互生或螺旋状排列，羽状或掌状复叶到单叶，常有鞘状叶柄；复伞形花序，五基数花，2 心皮合生，子房下位；花柱多少基部膨大形成一分泌花蜜结构（花柱基）于子房顶部（上位花盘）；双悬果（图 7–100）。

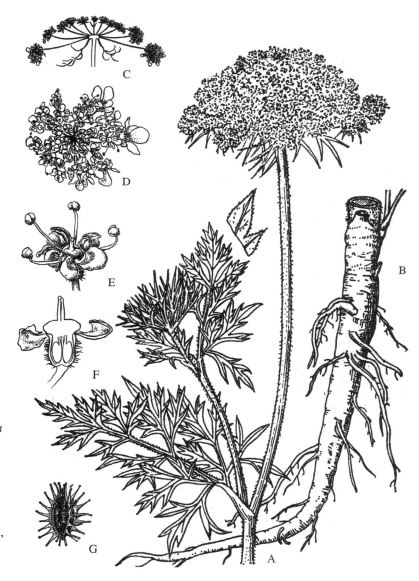

图 7–100
伞形科 Apiaceae
野胡萝卜 *Daucus carota*
A.开花植株上部
B.根
C.复伞形花序
D.一个伞形花序单元
E.花
F.雄蕊脱落后花纵切面，示下位子房和胚珠
G.分果

积雪草属 *Centella* Linn. 积雪草 *C. asiatica*（Linn.）Urban 1（3）：373

刺芹属 *Eryngium* Linn. 欧亚刺芹 *E. planum* Linn. 1（3）：377

变豆菜属 *Sanicula* Linn. 长序变豆菜 *S. elongata* K. T. Fu 1（3）：375；变豆菜 *S. chinensis* Bge. 1（3）：377；矮变豆菜 *S. hacquetioides* Franch. 1（3）：374；直刺变豆菜 *S. orthacantha* S. Moore 1（3）：374；锯齿变豆菜 *S. serrata* Wolff 1（3）：376；太白变豆菜 *S. giraldii* Wolff 1（3）：376

柴胡属 *Bupleurum* Linn. 紫花大叶柴胡 *B. longiradiatum* Turcz. var. *porphyranthum* 1（3）：390；黑柴胡 *B. smithii* Wolff 1（3）：391；秦岭柴胡 *B. longicaule* Wall. ex DC. var. *giraldii* Wolff 1（3）：392；北柴胡 *B. chinense* DC. 1（3）：394；银州柴胡 *B. yinchowense* Shan et Li 1（3）：392；马尾柴胡 *B. microcephalum* Diels 1（3）：393；太白柴胡 *B. dielsianum* Wolff 1（3）：393；竹叶柴胡 *B. marginatum* Wall. ex DC. 1（3）：394

矮泽芹属 *Chamaesium* Wolff 丽江矮泽芹 *C. spatuliferum*（W. W. Sm.）Norm. 1（3）：386

棱子芹属 *Pleurospermum* Hoffm. 太白棱子芹 *P. giraldii* Diels 1（3）：389；鸡冠棱子芹 *P. cristatum* de Boiss. 1（3）：388；唐松棱子芹 *P. pulszkyi* Kanitz 1（3）：388；异伞棱子芹 *P. franchetianum* Hemsl. 1（3）：389

羌活属 *Notopterygium de* Boiss. 羌活 *N. incisum* Ting ex H. T. Chang 1（3）：382；卵叶羌活 *N. forbesii* Boiss. subsp. oviforme（Shan）Pu 1（a）：247；岷羌活 *N. forbesii* de Boiss. 1（3）：381

东俄芹属 *Tongoloa* Wolff 太白东俄芹 *T. silaifolia*（de Boiss.）Wolff 1（3）：384；蛇床东俄芹 *T. cnidiifolia* K. T. Fu 1（3）：385；细茎东俄芹 *T. filicaudicis* K. T. Fu 1（3）：385

毒芹属 *Cicuta* Linn. 毒芹 *C. virosa* Linn. 1（3）：396

鸭儿芹属 *Cryptotaenia* DC. 鸭儿芹 *C. japonica* Hassk. 1（3）：397

水芹属 *Oenanthe* Linn. 水芹 *O. javanica*（Bl.）DC. 1（3）：413；细叶水芹 *O. dielsii* de Boiss. 1（3）：413

藁本属 *Ligusticum* Linn. 当归叶藁本 *L. angelicifolium* Franch. 1（3）：417；藁本 *L. sinense* Oliv. 1（3）：418；川芎 *L. sinense* Oliv. cv. chuanhsiung Shan 1（3）：418

囊瓣芹属 *Pternopetalum* Franch. 囊瓣芹 *P. davidii* Franch. 1（3）：398；五匹青 *P. vulgare*（Dunn）Hand.-Mzt. 1（3）：398；线叶囊瓣芹 *P. asplenioides*（de Boiss.）Hand.-Mzt. 1（3）：399；丛枝囊瓣芹 *P. caespitosum* Shan 1（3）：399；短梗囊瓣芹 *P. brevium*（Shan et Pu）K. T. Fu 1（3）：400

胡萝卜属 *Daucus* Linn. 野胡萝卜 *D. carota* Linn. 1（3）：432；胡萝卜 *D. carota* Linn. var. *sativus* Hoffm. 1（3）：432

阿魏属 *Ferula* Linn. 太行阿魏 *F. licentiana* Hand.-Mzt. 1（3）：425；硬阿魏 *F. bungeana* Kitag. 1（3）：426

峨参属 *Anthriscus* Hoffm. 峨参 *A. sylvestris*（Linn.）Hoffm. 1（3）：379；刺果峨参 *A. nemorosa*（M. Bieb.）Spreng. 1（3）：379

香根芹属 *Osmorhiza* Raf. 香根芹 *O. aristata*（Thunb.）Makino et Yabe 1（3）：380

迷果芹属 *Sphallerocarpus* Bess. 迷果芹 *S. gracilis*（Bess. ex Trevir.）K.-Pol. 1（3）：378

窃衣属 *Torilis* Adans. 破子草 *T. japonica*（Houtt.）DC. 1（3）：383；窃衣 *T. scabra*（Thunb.）DC. 1（3）：383

莳萝属 *Anethum* Linn. 莳萝 *A. graveolens* Linn. 1（3）：414

芹属 *Apium* Linn. 芹菜 *A. graveolens* Linn. 1（3）：395

茴香属 *Foeniculum* Mill. 茴香 *F. vulgare* Mill. 1（3）：414

羊角芹属 *Aegopodium* Linn. 山羊角芹 *A. alpestre* Ledeb. 1（3）：407

葛缕子属 *Carum* Linn. 葛缕子 *C. carvi* Linn. 1（3）：402；田葛缕子 *C. bvriaticum* Turcz. 1（3）：402

芫荽属 *Coriandrum* Linn. 芫荽 *C. sativum* Linn. 1（3）：384

白苞芹属（紫茎芹属）*Nothosmyrnium* Miq. 白苞芹 *N. japonicum* Miq. 1（3）：387

茴芹属 *Pimpinella* Linn. 异叶茴芹 *P. diversifolia*（Wall.）DC. 1（3）：403；菱形茴芹 *P. rhomboidea* Diels 1（3）：404；羊红膻 *P. thellungiana* Wolff 1（3）：406

当归属 *Angelica* Linn. 秦岭当归 *A. tsinlingensis* K. T. Fu 1（3）：420；当归 *A. sinensis*（Oliv.）Diels 1（3）：422；白芷 *A. dahurica*（Fisch.

ex Hoffm.） Benth. et Hook. ex Franch. et Sav. 1（3）: 423；毛当归 *A. pubescens* Maxim. 1（3）: 424

蛇床属 *Cnidium* Cuss. 辛家山蛇床 *C. sinchianum* K. T. Fu 1（3）: 415；蛇床 *C. monnieri*（Linn.） Cuss. 1（3）: 416

珊瑚菜属 *Glehnia* F. Schmidt ex Miq. 珊瑚菜 *G. littoralis* F. Schmidt ex Miq. 1（3）: 424

岩风属 *Libanotis* Crantz 万年春 *L. wannienchun* K. T. Fu 1（3）: 409；灰毛岩风 *L. spodotrichom* K. T. Fu 1（3）: 409；岩风 *L. buchtormensis*（Fisch.） DC. 1（3）: 410；条叶岩风 *L. lancifolia* K. T. Fu 1（3）: 411；亚洲岩风 *L. sibirica*（Linn.） C. A. Mey. 1（3）: 411

前胡属 *Peucedanum* Linn. 紫花前胡 *P. decursivum*（Miq.） Maxim. 1（3）: 426；天竺山前胡 *P. ampliatum* K. T. Fu 1（3）: 427；前胡 *P. praeruptorum* Dunn 1（3）: 428；大前胡 *P. praeruptorum* Dunn var. *grande* K. T. Fu 1（3）: 428；华山前胡 *P. ledebourielloides* K. T. Fu 1（3）: 428

防风属 *Ledebouriella* Wolff 防风 *L. seseloides*（Hoffm.） Wolff 1（3）: 408

独活属 *Heracleum* Linn. 短毛独活 *H. moellendorffii* Hance 1（3）: 430；多裂独活 *H. dissectifolium* K. T. Fu 1（3）: 431；千叶独活 *H. millefolium* Diels 1（3）: 431

邪蒿属 *Seseli* Linn. 黄花邪蒿 *S. inciso-dentatum* K. T. Fu 1（3）: 412

欧防风属 *Pastinaca* Linn. 欧独活 *P. sativa* Linn. 1（3）: 429

附　录

附录I　高等植物的系统发育

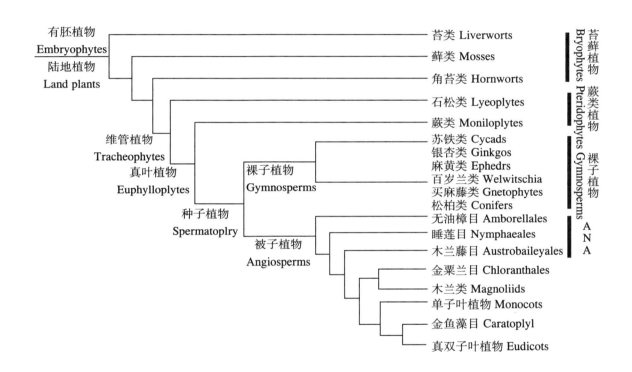

附录 II　陕西植被水平带分布图

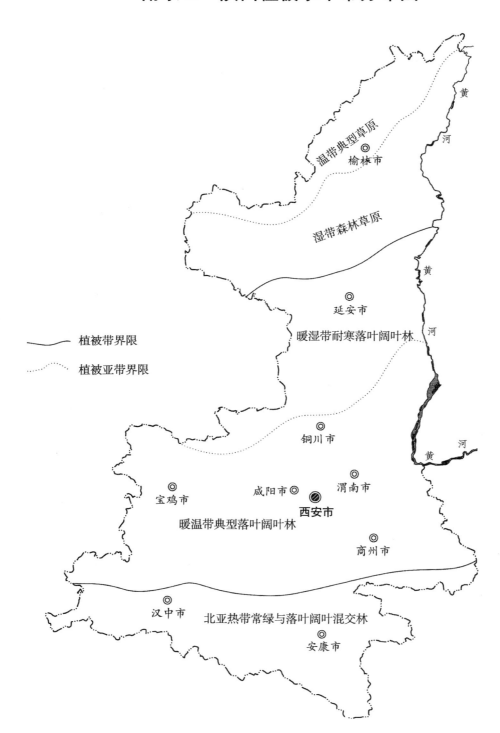

附录 III　秦岭植物志（第一卷）目录

第一册

苏铁科 …………………………… 1

银杏科 …………………………… 2

松科 ……………………………… 3

杉科 ……………………………… 15

柏科 ……………………………… 17

罗汉松科 ………………………… 24

三尖杉科 ………………………… 25

红豆杉科 ………………………… 27

麻黄科 …………………………… 29

香蒲科 …………………………… 32

黑三棱科 ………………………… 35

眼子菜科 ………………………… 36

芝菜科 …………………………… 42

泽泻科 …………………………… 43

花蔺科 …………………………… 46

水鳖科 …………………………… 47

禾本科 …………………………… 48

莎草科 …………………………… 192

棕榈科 …………………………… 273

天南星科 ………………………… 274

浮萍科 …………………………… 286

谷精草科 ………………………… 289

鸭跖草科 ………………………… 290

雨久花科 ………………………… 293

灯心草科 ………………………… 296

百合科 …………………………… 310

石蒜科 …………………………… 380

薯蓣科 …………………………… 381

鸢尾科 …………………………… 385

芭蕉科 …………………………… 391

姜科 ……………………………… 391

美人蕉科 ………………………… 393

兰科 ……………………………… 394

第二册

三白草科	10	金鱼藻科	220
胡椒科	12	领春木科	221
金粟兰科	13	连香树科	222
杨柳科	15	毛茛科	223
胡桃科	47	木通科	300
桦木科	52	小檗科	307
壳斗科	70	防己科	331
榆科	82	木兰科	336
桑科	91	蜡梅科	343
荨麻科	101	樟科	345
檀香科	119	罂粟科	356
桑寄生科	121	十字花科	373
马兜铃科	125	景天科	406
蛇菰科	132	虎耳草科	427
蓼科	133	海桐科	463
藜科	168	金缕梅科	465
苋科	179	杜仲科	469
紫茉莉科	186	悬铃木科	470
商陆科	187	蔷薇科	471
番杏科	188	绣线菊亚科	473
马齿苋科	189	苹果亚科	489
石竹科	192	蔷薇亚科	526
睡莲科	219	李亚科	578

第三册

豆科	1	云实亚科	4
含羞草亚科	1	蝶形花亚科	8

酢浆草科 ……………………… 115

牻牛儿苗科 …………………… 117

旱金莲科 ……………………… 126

亚麻科 ………………………… 126

蒺藜科 ………………………… 128

芸香科 ………………………… 130

苦木科 ………………………… 149

楝科 …………………………… 151

远志科 ………………………… 154

大戟科 ………………………… 157

水马齿科 ……………………… 180

黄杨科 ………………………… 181

马桑科 ………………………… 184

漆树科 ………………………… 185

冬青科 ………………………… 192

卫矛科 ………………………… 197

省沽油科 ……………………… 214

槭树科 ………………………… 217

七叶树科 ……………………… 234

无患子科 ……………………… 235

清风藤科 ……………………… 239

凤仙花科 ……………………… 243

鼠李科 ………………………… 248

葡萄科 ………………………… 263

杜英科 ………………………… 274

椴树科 ………………………… 275

锦葵科 ………………………… 281

梧桐科 ………………………… 291

猕猴桃科 ……………………… 292

山茶科 ………………………… 299

藤黄科 ………………………… 302

柽柳科 ………………………… 307

堇菜科 ………………………… 309

大风子科 ……………………… 324

旌节花科 ……………………… 327

秋海棠科 ……………………… 328

瑞香科 ………………………… 329

胡颓子科 ……………………… 337

千屈菜科 ……………………… 341

石榴科 ………………………… 345

八角枫科 ……………………… 346

菱科 …………………………… 348

柳叶菜科 ……………………… 349

五加科 ………………………… 357

伞形科 ………………………… 369

山茱萸科 ……………………… 433

第四册

鹿蹄草科 ……………………… 1

杜鹃花科 ……………………… 7

紫金牛科 ……………………… 26

报春花科 ……………………… 29

蓝雪科 ………………………… 54

柿树科 ………………………… 56

山矾科 ………………………… 60

野茉莉科 ……………………… 62

木犀科 ………………………… 65

马钱科 ………………………… 96

龙胆科 …………………………… 106

夹竹桃科 …………………………… 129

萝藦科 …………………………… 134

旋花科 …………………………… 158

花荵科 …………………………… 173

紫草科 …………………………… 174

马鞭草科 …………………………… 196

唇形科 …………………………… 207

茄科 …………………………… 292

玄参科 …………………………… 310

紫葳科 …………………………… 363

胡麻科 …………………………… 370

列当科 …………………………… 371

苦苣苔科 …………………………… 374

狸藻科 …………………………… 384

爵床科 …………………………… 385

透骨草科 …………………………… 388

车前科 …………………………… 389

第五册

茜草科 …………………………… 1

忍冬科 …………………………… 28

五福花科 …………………………… 84

败酱科 …………………………… 85

川续断科 …………………………… 93

葫芦科 …………………………… 97

桔梗科 …………………………… 116

菊科 …………………………… 243

春黄菊族 …………………………… 243

千里光族 …………………………… 278

金盏花族 …………………………… 323

菜蓟族 …………………………… 324

帚菊木族 …………………………… 382

菊苣族 …………………………… 389

附录 IV　中文科名索引

B

菝葜科 Smilacaceae　91

白刺科 Nitrariaceae　162

白花丹科 Plumbaginaceae　174

百合科 Liliaceae　92

柏科 Cupressaceae　57

报春花科 Primulaceae　186

C

茶藨子科 Grossulariaceae　119

菖蒲科 Acoraceae　87

车前科 Plantaginaceae　203

柽柳科 Tamaricaceae　174

唇形科 Lamiaceae　206

D

大戟科 Euphorbiaceae　151

大麻科 Cannabaceae　141

灯心草科 Juncaceae　100

冬青科 Aquifoliaceae　212

豆科 Fabaceae　125

杜鹃花科 Ericaceae　189

杜英科 Elaeocarpaceae　151

杜仲科 Eucommiaceae　190

F

防己科 Menispermaceae　109

凤仙花科 Balsaminaceae　184

G

谷精草科 Eriocaulaceae　100

H

海桐科 Pittosporaceae　224

禾本科 Poaceae　102

红豆杉科 Taxaceae　60

胡椒科 Piperaceae　82

胡桃科 Juglandaceae　146

胡颓子科 Elaeagnaceae　138

葫芦科 Cucurbitaceae　148

虎耳草科 Saxifragaceae　119

花荵科 Polemoniaceae　184

桦木科 Betulaceae　147

黄杨科 Buxaceae　116

黄脂木科 Xanthorrhoeaceae　95

J

蒺藜科 Zygophyllaceae　125

夹竹桃科 Apocynaceae　194

金缕梅科 Hamamelidaceae　118

金丝桃科 Hypericaceae　156

金粟兰科 Chloranthaceae　86

金鱼藻科 Ceratophyllaceae　106

堇菜科 Violaceae　155

锦葵科 Malvaceae　168

旌节花科 Stachyuraceae　162

景天科 Crassulaceae　122

桔梗科 Campanulaceae　212

菊科 Asteraceae　214

爵床科 Acanthaceae　211

K

苦苣苔科 Gesneriaceae　202

苦木科 Simaroubaceae　166

昆栏树科 Trochodendraceae　115

L

蜡梅科 Calycanthaceae　85

兰科 Orchidaceae　93

藜芦科 Melanthiaceae　89

连香树科 Cercidiphyllaceae　119

莲科 Nelumbonaceae　115

楝科 Meliaceae　166

蓼科 Polygonaceae　174

列当科 Orobanchaceae　209

领春木科 Eupteleaceae　106

柳叶菜科 Onagraceae　160

龙胆科 Gentianaceae　192

罗汉松科 Podocarpaceae　58

M

马鞭草科 Verbenaceae　212

马齿苋科 Portulacaceae　181

马兜铃科 Aristolochiaceae　82

马钱科 Loganiaceae　194

马桑科 Coriariaceae　148

牻牛儿苗科 Geraniaceae　157

毛茛科 Ranunculaceae　112

猕猴桃科 Actinidiaceae　188

木兰科 Magnoliaceae　84

木通科 Lardizabalaceae　108

木犀科 Oleaceae　200

P

葡萄科 Vitaceae　123

Q

壳斗科 Fagaceae　144

漆树科 Anacardiaceae　162

荨麻科 Urticaceae　143

千屈菜科 Lythraceae　159

茜草科 Rubiaceae　190

蔷薇科 Rosaceae　131

茄科 Solanaceae　199

青荚叶科 Helwingiaceae　212

青皮木科 Schoepfiaceae　174

清风藤科 Sabiaceae　115

秋海棠科 Begoniaceae　149

秋水仙科 Colchicaceae　90

R

忍冬科 Caprifoliaceae　222

瑞香科 Thymelaeaceae　170

S

三白草科 Saururaceae　82

三尖杉科 Cephalotaxaceae　59

伞形科 Apiaceae　227

桑寄生科 Loranthaceae　174

桑科 Moraceae　142

莎草科 Cyperaceae　100

山茶科 Theaceae　186

山矾科 Symplocaceae　188

山茱萸科 Cornaceae　181

杉科 Taxodiaceae　57

商陆科 Phytolaccaceae 180

芍药科 Paeoniaceae 117

蛇菰科 Balanophoraceae 173

省沽油科 Staphyleaceae 161

十字花科 Brassicaceae 171

石蒜科 Amaryllidaceae 95

石竹科 Caryophyllaceae 176

柿科 Ebenaceae 184

鼠李科 Rhamnaceae 138

薯蓣科 Dioscoreaceae 89

水鳖科 Hydrocharitaceae 89

睡莲科 Nymphaeaceae 81

松科 Pinaceae 55

苏铁科 Cycadaceae 55

锁阳科 Cynomoriaceae 123

T

檀香科 Santalaceae 173

桃金娘科 Myrtaceae 161

天门冬科 Asparagaceae 96

天南星科 Araceae 88

铁青树科 Olacaceae 173

透骨草科 Phrymaceae 209

土人参科 Talinaceae 181

W

卫矛科 Celastraceae 149

无患子科 Sapindaceae 163

五福花科 Adoxaceae 221

五加科 Araliaceae 225

五味子科 Schisandraceae 81

X

苋科 Amaranthaceae（藜科） 178

香蒲科 Typhaceae 99

小檗科 Berberidaceae 111

星叶草科 Circaeasteraceae 108

绣球科 Hydrangeaceae 182

玄参科 Scrophulariaceae 205

悬铃木科 Platanaceae 115

旋花科 Convolvulaceae 196

熏倒牛科 Biebersteniaceae 162

蕈树科 Altingiaceae 118

Y

鸭跖草科 Commelinaceae 97

杨柳科 Salicaceae 154

眼子菜科 Potamogetonaceae　89

叶下珠科 Phyllanthaceae　153

银杏科 Ginkgoaceae　55

罂粟科 Papaveraceae　106

瘿椒树科 Tapisciaceae　168

榆科 Ulmaceae　140

鸢尾科 Iridaceae　95

远志科 Polygalaceae　130

芸香科 Rutaceae　165

雨久花科 Pontederiaceae　98

Z

泽泻科 Alismataceae　89

樟科 Lauraceae　85

紫草科 Boraginaceae　194

紫茉莉科 Nyctaginaceae　181

紫葳科 Bignoniaceae　211

棕榈科 Arecaceae　97

酢浆草科 Oxalidaceae　151

附录 V　智能手机在野外实习中的应用[*]

　　智能手机具有独立的操作系统，可以通过安装应用软件，像电脑一样处理各种文档。随着信息技术的发展，智能手机还可用于一些特殊用途，在教学和科研上的应用价值也越来越突出。如利用智能手机的相机、GPS、互联网等功能，可以对物种进行快速的识别、标记和信息采集，并且进一步加强专题实习的教学内容，使得生物学野外实习的教学效果有显著提高。

（一）资料查询

　　智能手机可以预装 Office 或 WPS 手机版的功能组件，可以查看 Word、Excel、PPT、PDF 等多种类型的文件资料，方便学生在野外实习中随时随地查阅。手机 App 的使用使得查询更多的信息成为可能且更加便捷。MDict 是一款可以查看各种 MDX 格式词典文件的软件，通过预装植物资料库，可以查询《中国植物志》、Flora of China 所载植物物种的详细描述和彩色图片。iFlora 移动版是中国科学院昆明植物研究所开发的智能移动终端上的应用软件，以《中国植物志》和《中国高等植物科属检索表》为数据基础，提供了"向导识别""快速查询""结构检索""志书定位"等多种途径查询植物的相关信息。《中国植物志》手机版由中国科学院北京植物研究所开发，于 2013 年 3 月正式发布，可用于查询《中国植物志》记载的所有信息。这两个资料库收录了丰富的植物物种资料和图片，在实习过程中不论何时遇到问题，都可以利用手机快速信息。这两个资料库收录了丰富的植物物种资料和图片，在实习过程中不论何时遇到问题，都可以利用手机快速查询，这大大加快了物种的辨识过程，节约了学习时间，提高了学习效率。

　　微信作为智能手机上的一款应用软件，近年得到广泛的运用。实习中需要的查询功能也可以通过微信得以实现。通过关注微信的公众账号，如"植物词典""中国植物志"，输入相关的物种名称，就可以得到相应的物种信息的反馈。中国科学院植物研究所开发的植物识别 App "花伴侣"，对于识别开花植物具有较好准确率，这对于学生而言，这无疑是一种学习的便捷方式。

---

　　[*]潘建斌，骆爽，张立勋，等. 智能手机在生物学野外实习中的应用［J］. 高等理科教育，2016（5）：93-97.

（二）拍照摄像

1. 常规拍照摄像

照片信息在生物学野外实习中产生了越来越重要的价值。在植物学野外实习中可以随时用照片记录植物物种的形态特征和生境类型，对调查当地生物多样性发挥了重要作用，特别是有众多学生参与生物多样性调查实习时，这种优势尤为明显。在动物学野外实习中，手机可以拍摄动物活体照片或者记录动物行为，方便进行动物行为生态学等方面的研究。目前智能手机配备的相机像素越来越高，后置摄像头的像素已达到 1 000 万以上，手机的内存空间也在不断增大，完全能够满足野外实习的要求。

2. 特殊用途拍照

在生物学野外实习中，需要对植物或动物进行详细解剖观察，手机的拍照功能也有用武之地。这种情况下，只需要在市场上购买配合手机使用的猫夹四合一镜头即可。四合一镜头配有鱼眼、广角、10 倍、微距等多个可拆卸镜头。其中鱼眼、广角镜头可用于拍摄较大尺度的生境照片；10 倍镜头可用于拍摄具有一定距离的动物或者不方便靠近的植物；微距镜头的对焦距离为 3cm 左右，相当于一个小型显微镜，可以把细小的东西非常清晰地拍摄出来，多用于动植物的解剖观察，如植物的表皮毛、花部的解剖特征，昆虫的口器、触角类型。这种微距镜头在实际使用中效果良好，甚至可以拍清楚蚂蚁身上的一只虱子，所以在生物学野外实习中可以广泛使用。

（三）GPS 定位、导航与航迹记录

1. GPS 在野外实习中的使用现状

生物学野外实习中使用最多的工具之一就是 GPS，即通过全球定位系统对采样区域或样点的地理坐标进行定位和标记。通常我们用手持 GPS 接收器进行定位，但由于多数带地图的手持 GPS 接收器价格昂贵，且目前绝大多数 GPS 手持机都不能显示卫星地图等数据，只有通过连接电脑才能显示这些信息，导航功能也不便于实现，这些不利因素限制了手持 GPS 接收器在野外实习中的推广使用。

2. OruxMaps 在野外实习中的运用

目前智能手机内置 GPS 功能已经相当普遍，在 4G 网络下利用地图软件可以进行准确的目标定位，可以查看人们所在位置的地理坐标并进行导航。一些地图软件支持下载卫星地图为本地文件，随时调用。OruxMaps 是 Android 系统的手机上一款支持本地地图和在线地图的地图软件，在野外实习和野外调查中具有巨大的优势。OruxMaps 的主要功能有：（1）制作离线地图：可以通过网络下载实习地区的离线卫星地图，卫星地图可选择所需的清晰等级，并可制成

多个地图离线包，每个地图大小有 512M 的限制；（2）可以实时记录行动航迹，并可导出 KML 格式的航迹，该航迹可以用 OruxMaps 调用查看，也可用 Google Earth 打开查看；（3）可导入以前实习路线的 KML 航迹以及在 Google Earth 里设计的实习路线，作为导航的依据；（4）可导入以前拍照的位置信息，如经纬度、海拔；（5）可以利用离线卫星地图查看 3D 地形。这些功能方便师生在实习过程中实时调整行动路线和范围，还能够通过路线记录、照片位置等信息对物种分布范围进行对比，在物种多样性调查和环境监测中发挥着重要的作用。

（四）生物数字标本的实现

1. 生物数字标本的含义

生物数字标本指的是一张对着自然物种实体拍摄的、包含了拍摄作者、物种名称（鉴定名）、采集号（照片管理编号）、采集时间（精确到秒）、采集地点（用 GPS 进行坐标记录，精确到米）、直观形象地反映了物种形态、生态特征的数码照片。

2. 生物数字标本的实现过程

近年来，在生物学野外实习中开展了人文素质教育，培养学生保护生态环境的意识，"绿色实习"的理念日益盛行，减少对实物标本采集，增加数字标本（照片）的采集已成为我们在野外实习中的一个重要任务，若我们能够把野外拍摄到的照片添加上拍摄点的经纬度信息，并在 Google Earth 中显示出这些信息，无疑大大增加了数字标本的科学价值，使我们的野外工作变得非常有意义，这是一件非常具有吸引力的事。所以我们在进行野外实习时，利用智能手机的拍照功能与手机 GPS 功能相结合，就可以实现生物标本的数字化。在野外实习中，学生先将 OruxMaps 打开，用其记录航迹，并用手机拍摄物种照片。回到室内后，利用软件或数据库将 OruxMaps 记录的位置信息写入照片的 EXIF 中，这样我们的物种照片就包含有经纬度、海拔等地理信息，从而实现数码照片的地标化。这些照片的地理信息可以用 Google Earth 直接查看，还可以将这些照片保存

专业的生物照片管理网站有中国植物图像库（http://www.chinaphoto.cn），中国自然标本馆（http://www.nature-museum.net）。所有人都可以通过网络看到这些数字标本，这大大增加了它的科学价值，使我们的野外实习工作变得更有意义，数字标本的价值也就得到了最大化的体现。

（五）野外数据采集

1. 光照强度

光照强度对植物的生长和形态建成具有重要的影响，智能手机可安装测定光照强度的应用软件，如 Lux Meter、照度计，可以测量不同地形、不同环境下的光照强度，对了解植物的群

落组成和植株的形态变化有着一定的作用。

2. 坡度和方位

坡度和方位对于调查植物群落、动物的巢址选择、日活动节律等具有重要的研究价值。在以前的研究中，坡度和方位仅采用估计的方法，而智能手机安安装的手机应用，如 VELUX 坡度仪，可以更为精确地测定样方或巢穴所在位置的坡度；智能手机自带指南针可以显示其所在的精确方位，这样获得的数据更加真实可靠。

3. 长度和面积

长度和面积一直是生态学调查中最基本的数据。智能手机的一些手机应用也集成了相关功能，如"智能工具箱"可以测量植物器官和昆虫翅膀等的长度；利用 OruxMaps 的面积测量功能可以测定野外较大尺度的样地面积。

参考文献

［1］APG Ⅳ．An update of the Angiosperm Phylogeny Group classification for the orders and families of flo-wering plants：APG Ⅳ［J］．Botanical Journal of the Linnean Society，2016，161（1）：105-121.

［2］APG Ⅲ．An update of the Angiosperm Phylogeny Group classification for the orders and families of flo-wering plants：APG Ⅲ［J］．Botanical Journal of the Linnean Society，2009，161：105-121.

［3］APG Ⅱ．An update of the Angiosperm Phylogeny Group classification for the orders and families of flo-wering plants：APG Ⅱ［J］．Botanical Journal of the Linnean Society，2003，141：399-436.

［4］APG．An ordinal classification for the families of flowering plants［J］．Annals of the Missouri Botanical Garden，1998，85：531-553.

［5］JIANG C K，COLE T C H，HILGER H H．被子植物的系统发生——有花植物的系统分类（Poster），APG Ⅳ．2016．DOI：10.13140/RG．2.1.3631.4000.

［6］JUDD W S，CAMPBELL C S，KELLOGG E A，et al．Plant Systematics：A Phylogenetic Approach，3rd edn．植物系统学：第3版［M］．李德铢，等译．北京：高等教育出版社，2012.

［7］JUDD W S，CAMPBELL C S，KELLOGG E A，et al．Plant Systematics：A Phylogenetic Approach，3rd edn［M］．Sunderland：Sinauer Associates Inc.，2007.

［8］李沛琼．深圳植物志［M］．北京：中国林业出版社，2016.

［9］刘冰，叶建飞，刘夙，等．中国被子植物科属概览：依据 APG Ⅲ系统［J］．生物多样性，2015，23（2）：225-231.

［10］刘文哲，赵鹏．APG Ⅳ系统在植物学教学中的应用初探［J］．高等理科教育，2017，134（4）：104-109.

［11］刘文哲．植物学实验［M］．北京：科学出版社，2015.

［12］王玛丽．植物生物学实验与实习指导［M］．西安：西北大学出版社，2000.

［13］吴国芳，冯志坚，马炜梁，等．植物学［M］．北京：高等教育出版社，1992.

［14］杨继，郭友好，杨雄，等．植物生物学［M］．北京：高等教育出版社，2000.

［15］赵桂仿．植物学［M］．北京：科学出版社，2009.

［16］赵鹏，郭垚鑫，段栋，等．智能手机植物识别 App 在植物学教学中的应用［J］．高校生物学教学研

究：电子版，2018，8（1）：47-51.

［17］中国科学院西北植物研究所. 秦岭植物志［M］. 北京：科学出版社，1974—1985.

［18］中国科学院中国植物志编辑委员会. 中国植物志［M］. 北京：科学出版社，1959—2004.

［19］周云龙. 植物生物学：第 2 版［M］. 北京：高等教育出版社，2004.

［20］浙江省卫生厅. 浙江天目山药用植物志［M］. 杭州：浙江人民出版社，1965.